90道用料理過生活的食物密碼

阿芳的手做筆記

蔡季芳——著

蔡季芳（阿芳老師）

愛做菜的家庭主婦，婆婆媽媽、煮婦煮夫、手做愛好者耳熟能詳的達人，健康美食節目常駐講師。

阿芳來自台南的大家庭，在媽媽愛的料理滋養下成長，嫁到北部後，傳承用愛料理的精神，展開精彩的廚藝人生。以台灣南部料理的深厚基底，融入源自夫家的北部風味，鍾情於探索飲食與生活之間的脈絡連結，運用各種不同的食材、多變的烹飪手法，思索化繁為簡的方法，打造親切、易懂、好操作的料理風格，讓做菜變得更貼近現代人忙碌的生活步調。

阿芳本著樂天與樂於分享的性格，在臉書粉絲團分享做菜、旅遊、生活大小事，透過直播與各地喜歡手做的朋友交流。著有多本暢銷書，《媽媽的早餐店》、《媽媽的小吃店》、《媽媽的私房味》、《阿芳的新三杯麵粉》已是數十萬手做者的最佳工具書。

近年來阿芳積極投入為本地農業盡一份心力，勤跑產地帶粉絲們直擊農民勞做現場，希望讓生產者與消費者都能共益，收獲最真心與最好的食材。

與另一半劉爸攜手同伴品嚐各地不同的風味，以旅行感受世界的精彩，兩人將日子過得豐富、歲月活得長青，勇於嘗試各種事物，經營的Youtube頻道更在短時間內獲得白金認證。

看阿芳快樂上菜　FB搜尋 🔍 蔡季芳（阿芳老師）

看劉爸認真樂活　YouTube搜尋 🔍 劉爸阿芳真愛煮

心裡有光，哪裡都美
手藝中有愛，什麼菜都香

阿芳愛手做，喜歡各種材料信手拈來地手做，在手做中感受生活的快樂。

二十多年來，阿芳為了做電視節目，把廚房當成實驗室，從地方小吃、家庭麵食、傳統米食、醃漬醬物、創意點心到各式各樣手做食物，都成了阿芳的實驗功課，時間一久，累計了一整箱厚厚的筆記。而家中的各種料理也都是阿芳自己做，自家手做的食物簡單又自然，從原始材料到完成品都有阿芳把關，除了吃到美味，也多了一份安心，更棒的是還能在手做中得到快樂與成就感。

2016年阿芳出版了三本手做系列書，分別為《媽媽的早餐店》、《媽媽的小吃店》、《媽媽的私房味》，不要說是讀者，連阿芳自己都把這三本書當成工具書，想要複習什麼樣的手做、確認哪一道食譜的步驟，就先去翻翻書，對手做者來說，好用的筆記真的很重要。

幾年前拍攝食譜時，已經感受到隨著年齡增長，實質體能漸漸不如年輕，拍攝食譜非常辛苦，加上手做不像料理食譜多半只要文字說明就足夠，而是必須把手法技巧說得更清楚，還要配上過程分解圖，把重要的做法透過視覺輔助，再搭配文字，才能夠讓跟著做的讀者輕鬆達陣。

製作手做食譜書的難度，在於每個動作要分解、慢慢拍，再好的體力，面對漫長繁瑣的拍攝工程，也很難不被消磨殆盡，連耐力極高的阿芳都覺得不堪負擔。

2021年嚴峻的情勢，反而送給阿芳人生中一個很特別的暑假，疫情三級警戒下，阿芳跟大家一樣放慢工作腳步，有比較多的時間待在家，對於習慣忙碌的阿芳來說，瞬間有種放假的輕鬆感。多出來的時間，阿芳整天在廚房

芳信手拈來的材料，手做的過程與成品對婆婆媽媽們也特別有親切感，透過阿芳臉書的分享，大家都做得非常快樂。

在廚房中玩得不亦樂乎之外，利用空檔時間，阿芳一字一字記錄、一張一張拍攝，把這兩年來沒有收錄在書中的手做食譜和作品一一補上了。看到列印出來的書籍校稿，阿芳彷彿又看到了自己的快樂，也想起了在這段防疫居家期間，家人品嚐著這些食物，讓封閉的家庭生活多了歡樂的色彩！

你愛手做嗎？你有手做的筆記嗎？阿芳在手做過程中記下的手寫筆記，現在透過整理收集成冊，付印成書了。這是阿芳弄東弄西的心得筆記，跟大家分享，也把手做的幸福感透過文字照片的傳遞，真實地留下。

中玩呀玩，像是休假不用上學的孩子，廚房成了阿芳的遊戲室，天南地北、本土異國、新舊融合，阿芳在手做的天地裡玩得不亦樂乎，再加上協助農業推廣，所以許多國產的農產品都成了阿

用愛編織的手做傳承

母親，是阿芳此生最珍貴的食譜。我是幸運的女兒，有媽媽以慈母心，用一餐一餐、日復一日、年復一年點滴累積，為女兒所留下的味蕾記憶，充滿屬於原生故鄉的風味，隱藏著家庭獨特的密碼，即使是再平凡不過的樣貌，都能夠在其中看到用愛細膩的調味，隨著時光的累積，成就一本母親留在我心中永遠取之不竭的食譜。阿芳用思念母親的心情，把這種愛寫在這本食譜中。

阿芳和劉爸愛旅行，攜手同伴用旅行過生活，品嚐各地不同的風味，旅程中特別容易看到旅伴因為吃而展現的笑容，讓記憶更有滋有味，而在旅程結束後，透過手做為對方複製旅行中的好味道，讓阿芳重溫了旅行中的美好。阿芳將這些美好記錄在這本書中，邀請大家跟我一起用食物感受世界的精彩。

家，是阿芳愛的泉源，在阿芳的家裡，有我深愛也深愛我的家人，不管是會說話的人，或者是不會說話的喵兒，阿芳都用吃飯這件事，跟他們維繫情感，用手藝為家人做羹湯，再忙都要放下手邊工作餵喵兒吃罐罐，表達媽媽永無止境的愛。

對於懂阿芳的讀者，阿芳同樣也有滿滿的愛，也想把我的味道留在你們的心中，用各種不同的食材，多變的料理手法，努力地做，認真地寫。這本筆記書，記錄著這不平凡的兩年，書中有食物的味道、食物的記憶，還有關於食物的心情文字，是廚房滋味，也是阿芳的人生之味。在這其中，阿芳找到面對生活最棒的正能量，所以用點滴記錄的方式，串頁成書，打開書，希望大家能夠感受到阿芳想跟大家分享的生活理念，也能夠看到屬於您自己人生的美好！

目錄

阿芳的生活滋味──用手做記錄平凡的日常

阿芳的旅行風味——用手做回憶異地的感動

阿芳的懷舊古早味——用手做重溫往日時光

第一部

阿芳的生活滋味——
用手做記錄平凡的日常

包種茶千層蛋糕

　　劉爸愛喝茶，尤其愛台灣茶的潤喉與清雅飄香，豬妹曾開玩笑說爸爸有「空茶罐焦慮症」，每當茶葉的庫存減少，嘴裡就會一直喊著要買茶了。阿芳做的這個茶千層蛋糕，是以劉爸愛的台灣包種茶取代市面上常見的抹茶千層，獨特的茶香、滑嫩的鮮奶油，再融合米粉餅皮，吃上一口什麼焦慮都沒了！

前置作業

■ 取20g包種茶葉用調理機乾打成粉

材　料

A. 奶油1大匙（20g）、粉茶10g
B. 牛奶200CC、細砂糖3大匙
C. 牛奶200CC、蓬萊米粉100g、蛋3個
D. 動物性鮮奶油2杯、糖2-3匙
E. 粉茶適量

做　法

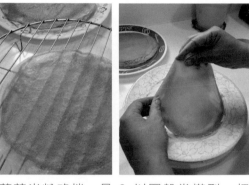

1. A料奶油融化，調入粉茶。B料煮至開始起沸泡即可關火，加入A料調化。

2. 加入C料牛奶，再加入蓬萊米粉略拌，最後加入打散的蛋液調勻，過篩3次即為餅皮漿。平底鍋微加油、離鍋，淋上約25CC的粉漿搖勻，上爐以小火煎至起泡，離火取下餅皮晾涼，全部依此法煎好。

3. 以圓盤當模型，把餅皮外沿修平整。

4. D料鮮奶油打發，一層一層均勻抹平於餅皮上。

5. 依序完成，直至餅皮完全疊貼成鮮奶油蛋糕狀，移入冷藏2小時以上。

6. 取出在表面篩上一層粉茶，即可切塊食用。

防疫自煮做蛋糕

這是一篇沒有食譜卻最能夠創造記憶跟充滿歡樂的食譜文，因為它不需要任何制式的食譜材料和做法，重點在於媽媽的想法，叫做「我願意」。

阿芳當媽媽之後，喜歡用自己的方法幫孩子做點心，雖然做法並非絕對專業，卻能夠在摸索之間增進自己的手藝，還有專業方式做不到的媽媽心法——家裡有什麼就做什麼、隨意變化，自己開心就好！

所以在豬妹還很小的時候，阿芳的食譜書裡就有一個全家一起畫出來的Hello Kitty生日蛋糕；豬妹念幼稚園的時候，還有一個哆啦A夢蛋糕，蛋糕上頭兩個眼睛特別立體，因為那是阿芳用水煮蛋切半，放在蛋糕上畫出來的可愛雙眼。

幾年前豬妹曾經到美國打工度假，在遊艇上工作，當時她原本主要是協助房務，就在一次所有年輕員工準備幫老闆慶生

時，豬妹拿地瓜蒸熟壓成泥當作餡料，搭配煎好的軟薄餅，疊成了一個生日蛋糕，那天生日party過後，豬妹就從房務部調到了廚房，由此可知生日蛋糕不見得一定要專業才能製作，心意最可貴。

在阿芳的食譜中很容易能夠找到製作蛋糕體的方式，不管是戚風蛋糕或薄餅類，都可以加上各種食材和鮮奶油做變化，打造出獨一無二的生日獻禮，哪怕你覺得做蛋糕麻煩，有些超市也有賣現成的蛋糕體，媽媽陪著孩子一起疊蛋糕、畫蛋糕，做的就是一種心意和情意。

願意做，怎麼做都好吃，更可以帶給孩子成長中的歡樂，對媽媽也是一種自我肯定。自家手做生日蛋糕的記憶歷久彌新！

疫情期間阿芳也幫劉爸做了生日蛋糕，用家裡的材料變化兩種風味。烘焙展時發現常溫的煉乳脂竟然可以打成鮮奶油的狀態、用來抹蛋糕，算算冰箱裡還有7個蛋，看看冷凍庫裡的庫存草莓，再借一點劉爸的文山包種茶打成粉茶，拼湊起來，完成了兩個顏色和風味完全不同的煉乳蛋糕，一家老小都吃得開心。

疫情中的第三個蛋糕，是幫蘇比姊姊製作的芋泥生日蛋糕。蘇比跟阿芳一樣都是六月壽星，她一個人離鄉背井在台灣工作，我們就是她的家人，所以阿芳用紫色地瓜加上芋泥、鮮奶油，做了一個美麗的紫色蛋糕，讓她跟遠在印尼的家人連線慶生，用最真心的方式度過居家防疫中的生日。

至於第四個蛋糕，不是阿芳做的，而是女兒豬妹為媽媽而做。以她最愛的皮卡丘為主題，材料也是日常食材再利用，最簡單又平實的心意，阿芳看了打從心底感動。

水蒸米蛋糕

　　吃蛋糕對孩子來説,是一件再普通不過的樂事,可是對於麩質過敏的小孩,卻是一種不可能的美味,因為大部分市售的蛋糕都是麵粉製的,也因此近年來用米製作蛋糕漸漸被重視與運用。在這裡,阿芳除了教大家做米蛋糕,還改用蒸的方式,不需要有烤箱的門檻,蒸的過程中蓋上鋁箔紙,在模型的旁邊刺洞幫助熱氣對流,就能夠加快製程,變化的風味也很多。

材　料

尺寸／材料	蛋	蓬萊米粉	細砂糖	牛奶
8吋	5個	125g	100g	60g
7吋	4個	100g	80g	50g
6吋	3個	75g	60g	40g

尺寸／材料	油	鹽	抹茶粉	泡打粉	白醋
8吋	2T	1/4t	4t	1t	少許
7吋	2T（弱）	1/4t（弱）	3t	1/2t	少許
6吋	1又1/2T	1/8t（強）	2t	1/2t	少許

T：大匙、t：小匙、強：多一點、弱：少一點

做　法

1. 蛋黃、蛋白分開，模型底部加鋪底紙。

2. 牛奶加油後加熱至沸騰，熄火攪去熱氣，加入蛋黃乳化，再多拌至略起泡降溫，加入蓬萊米粉拌勻。

3. 蛋白加上白醋，打至起泡，糖分3次加入續打至硬性發泡（不宜過頭）。

4. 取1/4量蛋白，加入米糊中拌勻，加入抹茶粉及泡打粉，再取1/4量蛋白一起拌勻。

5. 米糊回倒入蛋白中輕拌均勻、填模，以竹籤劃出空氣。

6. 包上鋁箔紙，在模型邊緣及中央刺洞。

7. 移入蒸鍋中，以中火蒸35、40、45分鐘（依不同尺寸而定）。

8. 開鍋，取出蛋糕，掀去鋁箔紙，快速敲震兩下（加速熱空氣排出），改立式散熱，降溫後手按脫模；喜歡蛋糕有濕潤度，可在降溫脫模後回熱鍋多燜1分鐘。

❷

❸

❽

❽

包種茶凍

　　茶除了熱泡或冷泡當作茶飲，另一種升級的表現，就是茶凍——藉由膠凍的抓水性，讓茶的香味水性轉變成軟滑的固態，入口時除了保留原有的茶香，還多了滑溜的口感，是很棒的家庭點心。阿芳製作茶凍時，會根據不同的茶葉掌握燜泡出味的時間，搭配果凍吉利T粉煮出的湯水，凝成的茶凍除了晶瑩剔透還帶有淡淡的甜味，食用時倒上一些茶湯，吃起來會更有層次。

┃ 材　料

A. 包種茶葉12g、 滾水約240CC

B. 糖3大匙、吉利T粉2小匙、冷水600CC

┃ 做　法

1. 包種茶先沖入滾水燜1分半鐘，濾出茶葉，放涼裝瓶冷藏。

2. 在乾淨小鍋中放入糖及吉利T粉搖拌均勻，加入剩餘的水調化，開火煮至沸騰，加入茶葉再次煮到沸騰，再多煮15秒，熄火蓋燜泡3分鐘。

3. 過濾出茶湯水裝在杯中，放涼後入冰箱冷藏，取出可在表面放上一片濾出的茶葉。食用時淋上一層冰涼的茶，以半茶半凍的方式食用。

蜜香紅茶凍

┃ 材　料

A. 水600CC、蜜香紅茶葉15g

B. 二砂糖２大匙、吉利Ｔ粉２小匙、冷水100CC

┃ 做　法

1. 水燒至沸騰後加入紅茶葉攪拌均勻，蓋上鍋蓋熄火燜3分鐘，把茶湯濾出，茶葉留下，挑出5-6葉漂亮葉型的茶葉。

2. 取乾淨小鍋放入二砂糖及吉利T粉搖勻，加入100CC的水調勻，開火煮至沸騰，再加入480CC的熱紅茶即可熄火。

3. 分量盛在小杯中放置降溫，移入冷藏凝固，把預留的茶葉放在茶凍表面，再倒上少許蜜香紅茶湯保濕。

茶葉蛋

　　為了推廣文山包種茶，阿芳直播示範茶葉蛋做法，從那天起，臉書社團好一陣子有吃不完的茶葉蛋。茶葉蛋看似簡單卻充滿趣味，阿芳喜歡用生蛋來做，在蛋鈍頭帶氣室的那端敲出裂口，蛋不會破裂，加熱後氣室的空氣膨脹會讓蛋產生自然的松花紋，而用冰糖炒出焦糖，除了色澤漂亮還能讓滷水帶有焦糖香，茶葉入蛋的效果在於茶葉中的茶鹼會讓經過浸泡的蛋白質地變得脆口有彈性，蛋黃也能保有濕潤度。

▍材　料

雞蛋25個、冰糖3大匙、水1鍋、泡過2-3沖的茶葉、桂皮2小段、八角2-3粒、鹽1.5小匙

▍做　法

1. 雞蛋洗淨，在鈍頭的那一端輕輕敲震產生裂口。

2. 炒鍋中放入冰糖，加入半杯水以中小火煮至冰糖融化，用鍋鏟翻炒糖水，炒出焦香紅茶色澤，加入6杯水成為色香味兼具的焦糖水。

3. 把蛋放入焦糖水中，開火煮至沸騰後再多煮5分鐘，即可把蛋煮熟並產生自然裂紋。

4. 把蛋和水換至湯鍋中，加入桂皮、八角、茶葉、鹽煮至沸騰，改中小火再多煮10分鐘，加蓋熄火靜置放涼。放置隔夜可以產生熱脹冷縮入味的效果。

5. 隔天重新開火煮至沸騰，熄火燜泡降溫入味，如此重複2-3次即可煮出蛋白帶脆、蛋黃濕潤有水分，完全入味的茶葉蛋。

茶香豬腱

材　料

豬腱子肉1斤、冰糖2大匙、水適量、老薑片3-4片、桂皮1小片、八角2粒、文山包種茶葉3大匙

調味料

鹽1小匙

做　法

1. 豬腱洗淨，加上薑片、桂皮、八角放在保鮮盒中。

2. 冰糖加水在炒鍋中煮化，續炒出焦糖色，加入2杯水煮成焦糖水。

3. 把焦糖水倒入保鮮盒淹過豬腱肉，不足淹過可補足水量，移入電鍋蒸30分鐘。

4. 打開電鍋加上鹽調味，撒入文山包種茶葉，蓋鍋續燜，泡製入味。

5. 放涼的豬腱肉可移入冰箱冷藏，食用時取出切片排盤，淋上少許茶滷湯。

做法影片

茶香皮凍

材　料

茶香豬腱湯汁1份，吉利丁粉、冷開水、蒜末、烏醋、辣油、白芝麻、香菜適量

做　法

1. 茶香豬腱湯汁加熱後過濾，先調整出適口的鹹度，煮至沸騰熄火。

2. 每250CC量的滷湯，取1.5小匙的吉利丁粉，用2大匙冷開水泡漲，再把泡漲的吉利丁膠加入熱滷湯中調勻，倒入模型中放涼。

3. 放涼後移入冰箱冷藏，凝固成凍。

4. 茶香凍取出切塊排盤，蒜末加上烏醋、辣油成為淋醬，撒上少許白芝麻、香菜搭配食用。

新蜜紅豆

　　如果要在阿芳的食譜中，找出幾道阿芳覺得值得驕傲的作品，蜜紅豆當屬其一。蜜紅豆好吃的訣竅，在於紅豆煮得剛剛好，每顆又圓又胖，蜜了糖讓豆型穩定，也可以增加紅豆的保存效果；天然濃縮的香氣，綿密的口感，拿來變化做各式各樣的點心，怎麼用都好吃。這個食譜是不使用落葉劑的國產紅豆烹煮法，若不確定是否為國產紅豆，建議倒掉第一次煮豆的水，接著再以同樣方法烹煮。

材　料

國產紅豆1/2斤（300g）、水2.5杯（600ml）、二砂糖5兩（約200g）、鹽1/2小匙

做　法

1. 紅豆洗淨加水放入保鮮盒蓋好，放入冰箱冷藏浸泡至豆粒脹大。

2. 豆子跟水放入快鍋煮，滿壓後改小文火續煮20分鐘，熄火燜至自然洩壓。

3. 取豆粒按捏確認是否完全綿軟濕潤，表層未軟綿，可用筷子上下翻拌，再蓋上燜15分鐘。

4. 確認豆粒完全軟綿，加入糖和鹽，用筷子攪拌均勻。

5. 倒入保鮮盒完全放涼，即成蜜紅豆。

阿芳貼心說

步驟2亦可以電鍋製作：濾出泡漲的豆子加水2.5杯放入電鍋，外鍋放一杯半的水煮至跳起，以筷子略翻上下，蓋鍋續燜，豆子未煮透可在外鍋多加一杯水煮第二次，跳起後多燜15分鐘。

水量會因豆子的新舊及品種而有些許差異，若軟綿熟透後仍有湯水，可將湯水稍微倒出再下糖。紅豆尚未軟透可重複蒸煮，否則下了糖再煮無法回軟。

日式紅豆餡

材　料

蜜紅豆1.5杯、米穀粉2大匙、水1/4杯、米霖1大匙

做　法

1. 米穀粉加水、米霖調勻，再加入蜜紅豆以筷子拌勻。

2. 蒸20分鐘後取出放涼，移入冰箱冷藏，即成凝固狀紅豆餡。

抹茶紅豆墨西哥麵包

┃材　料

A. 高筋麵粉3杯、低筋麵粉3大匙、 蛋1個、 抹茶粉4小匙、 細砂糖2大匙、奶粉2大匙、即溶酵母粉1小匙、鹽1小匙 、水1杯（強）、無味植物油2大匙

B. 軟化奶油4大匙、糖粉4大匙、蛋1個、奶粉2大匙、抹茶粉2小匙 、鹽少許、低筋麵粉4大匙

C. 日式紅豆餡1份（見P.25做法）

▌做　法

1. A料麵粉放在盆中，一側放酵母粉，另一側放其他粉料，水由酵母處沖入，加入1顆蛋。

2. 將粉料攪拌成不見水分的麵糰，加入油脂，繼續攪打成光滑麵糰，停機鬆弛5分鐘，再續攪打5分鐘，重複3次，第3次開打前拉麵糰測試是否產生筋膜。

3. 最後再攪打1次即成細緻光滑麵糰，取出分切成2份麵糰整圓，盆底抹薄油脂，分放在2個麵盆中加蓋發酵40分鐘。

4. 利用發酵時間把軟化奶油、糖粉、蛋白攪拌均勻，加入B料3項粉料及鹽，翻拌成抹茶奶酥泥，裝入小袋中綁好剪出小缺口呈擠花袋狀。

5. 發酵麵糰維持原型，按出空氣，分切成8等分，用往內摺疊的方式整圓，加蓋鬆弛15分鐘，2份麵糰可做16個麵包。

6. 擀平麵糰，包入紅豆餡，收口捏合，排入烤盤中，完成後噴水加蓋放入烤箱，以發酵功能進行60分鐘，過程中可取出略噴水防乾化。（也可放在溫暖處後發酵，同樣噴水加蓋防止乾化。）

7. 發酵完成的麵包胚，在上方擠上抹茶奶酥醬。

8. 放入預熱180℃的烤箱，烘烤18-20分鐘，出爐後用力敲震2下，放涼即成。

紅豆布丁豆花

▍材　料

A. 無糖豆漿2盒（500CC）、 細砂糖1大匙、 吉利T粉2小匙、水1/2杯

B. 蜜紅豆適量、糖水適量、冰塊和冷開水適量

▍做　法

1. 在乾燥小鍋中把細砂糖、吉利T粉搖均勻，加入水調化，用小火煮至沸騰。

2. 豆漿加入攪拌均勻即可熄火，倒入保鮮盒放涼，再移入冷藏凝固成布丁豆花。

3. 食用時在碗中放入冰塊、白開水、適量糖水，舀入豆花，添加適量蜜紅豆。

藕粉羹／杏汁藕粉羹

材　料

蓮藕粉、冰糖、水、杏仁粉各適量

做　法

1. 每人份用量以1.3飯碗的水量加上1小匙冰糖，放入小鍋開火煮至沸騰、冰糖融化。

2. 備好蓮藕粉，每人份約2.5大匙。

3. 煮沸的冰糖水改小火，以湯匙舀蓮藕粉，撒入冰糖水中，撒完後用湯匙翻攪2圈即可蓋鍋熄火，略燜3分鐘。

4. 開鍋後攪拌均勻，盛碗即為原味藕粉羹。

5. 每人份可加入2大匙杏仁粉，調化即為杏汁藕粉羹。

做法影片

橙香布丁燒

　　這是一個對阿芳來說，有印痕的蛋糕。2018年3月13日晚上，阿芳在粉絲頁示範這個美味的蛋糕。直播前，照慣例打電話回家問候爸爸媽媽，但不知為何沒人接電話，阿芳抱著忐忑的心做完蛋糕。下了直播，電話立刻響起，哥哥在醫院裡找到爸媽，原來爸爸載著不舒服的媽媽到醫院，緊急抽了肺積水，阿芳和劉爸知道後稍做收拾立刻開車連夜南下……三年多後，居家防疫期間，阿芳再次做了這個蛋糕，每個步驟慢慢做，做的過程都是想念媽媽的心情。

▍材　料

A. 細砂糖1/3杯、水1/3杯

B. 水3/4杯、 細砂糖1/2杯 、鹽1/4小匙、 香草精1/8小匙、 奶水3/4杯、全蛋2個 、蛋黃2個

C. 起士片10片（奶油乳酪約180g） 、奶水3/4杯 、奶油2大匙、 蛋黃2個、柳橙汁1/4杯 、柳橙皮末1/2小匙、 蓬萊米粉4大匙

D. 蛋白4個 、白醋1/4小匙、 細砂糖1/2杯　E. 奶油1大匙、 鋼杯模14-15個、 沸水1壺

▌做　法

1. C料起士片加奶水放入小鍋以小火煮至完全融化，加入奶油調融，放在冰塊上冰鎮。

2. A料細砂糖以少量水濕化，再開火煮出焦紅色，加入剩餘水量搖勻煮化，倒進抹上奶油的杯模中。

3. 糖水鍋加入B料的水、奶水、細砂糖、鹽一起煮滾，再加入香草精。

4. 2個全蛋加2個蛋黃攪勻，沖入奶糖水攪勻，過濾2次即為布丁液。

5. 起司糊降溫後，加入蛋黃、柳橙汁拌勻，蓬來米粉過篩加入拌勻，再加入皮末略放。

6. 蛋白放在乾淨蛋盒，加入白醋，中低速打至起泡，再分次加糖打至濕性發泡（呈軟勾峰狀）。

7. 取1/3蛋白泡量，拌入起司糊中，再拌回蛋白泡中。輕拌勻即為蛋糕糊，裝入袋子剪小口。（此時烤箱可預熱180℃）

8. 取大湯勺，舀布丁液至杯模中，擠上等量蛋糕糊至杯模中。

9. 在烤盤中倒入沸水。

10. 移入烤箱，放中下層以180℃ 烤8-10分鐘，改降140℃ 再烤20分鐘，小心取出。

11. 出爐後略縮為自然現象，冰涼後可略剔杯緣，倒扣在盤中食用。

芒果優格冰淇淋

　　芒果是最能夠代表夏天的水果，黃澄澄的果肉像豔陽一樣，聞起來香味撲鼻，入口鮮甜多汁，除了吃起來美味，也具有經濟價值，是外銷的明星農產品。很多家庭跟阿芳家一樣，芒果都是一箱一箱買，後熟的芒果到了剛好可以吃的時候最可口，但是為了要留住芒果的風味，一定要懂得變化，所以阿芳設計了許多芒果冰品點心，有做法簡單清爽、口感不輸名牌冰品的芒果優格冰淇淋，還能夠搭配芒果醬做薄餅，以及包成一捲捲適合飯後人手一根的芒果雪糕。因防疫減少出門的夏日，阿芳也做綿綿冰，變身成台南玉井芒果冰一條街的芒果聖代，在農業脈動下的2021夏季，阿芳粉絲頁的園地充滿芒果的幸福滋味！

做法影片

材　料

芒果果肉600克、奶水1/2杯、原味優格1/2杯、蜂蜜4大匙、金屬保鮮盒1個

做　法

1. 金屬盤鋪上防沾紙，芒果果肉切丁放上鋪平，再蓋上一層防沾紙，包好移入冷凍結成芒果小冰塊。

2. 金屬保鮮盒以冷開水沖洗乾淨後直接入冷凍庫冰凍。

3. 取出冷凍芒果冰塊加上全部材料倒入調理機，以調理棒邊攪邊拌至成綿密泥狀冰沙，立刻倒入冰的保鮮盒，填平後上方蓋一層防沾紙，移入冷凍再冰1小時即成為整盒冰淇淋。

芒果薄餅 & 芒果雪糕

材　料

A. 牛奶1杯、細砂糖2大匙、奶油1大匙

B. 牛奶3/4杯、蛋3顆、蓬來米粉1又1/4杯（150g）

C. 芒果果肉適量、芒果優格冰淇淋一盒

做　法

1. A料牛奶加細砂糖煮至近沸騰熄火，加入奶油調化，再倒入B料牛奶降溫，即可加入蓬來米粉調勻，再加入蛋攪拌均勻。

2. 完成的餅漿以細網過濾2次。

3. 不沾鍋熱鍋後，抹少許油擦拭。

4. 取1/3杯餅漿，入鍋搖勻，煎成薄餅，由邊邊拉起即可放在置涼架上，全部餅皮完成，可搭配新鮮芒果果丁食用即為芒果薄餅。

5. 冰淇淋自冷凍庫取出略放5分鐘，先挖一球放在冰淇淋盒蓋上，續挖另一球，兩球都挖好後，再一起移放至餅皮上。

6. 餅皮兩側往內收，再由下翻捲成春捲狀，不需刻意拉緊以免破裂，完成後放到小袋子，整平袋子，再藉由袋子的保護，將冰淇淋捲拉緊實。

7. 每包好一捲立刻放入冰箱冷凍，以此法完成芒果雪糕。

綿綿雪花冰

　　在阿芳的兒時記憶裡，吃「紅豆世紀」是我們三兄妹和爸爸的餐後小確幸：奶香十足，介於剉冰跟冰淇淋之間的口感，加上蜜紅豆、擠上煉乳，充滿儀式感，更重要的是冰品的好滋味。當媽後的阿芳複製這樣的家庭記憶，每每開了一罐奶水沒用完時就會煮成奶醬，綿綿雪花冰裝在保鮮盒中，吃飽飯後把冰盒拿出來放一下，小孩們就會自己刮刮刮，視季節添加芒果或草莓，或是紅豆加好加滿，擠上煉乳，幸福度破表。

材　料

A. 水1杯、奶水1/2杯（兩者分量可對換）、細砂糖2大匙、蓬來米粉3大匙、蛋黃2個
B. 冰塊2杯（約500g）　C. 芒果1-2個、檸檬汁2小匙、煉乳適量
D. 蜜紅豆、煉乳各適量

做　法

1. A料牛奶、水、糖、蓬來米粉調勻上爐火煮至濃稠，加入蛋黃拌勻熄火放涼。

2. 放涼的蛋黃奶糊加上冰塊，放入調理機打成冰沙綿密狀，倒進金屬保鮮盒中移入冰箱冷凍。食用時，取出牛奶冰用湯匙刮鬆成綿細雪花狀。

3. 芒果削皮取果肉切小丁，碎邊放入調理機加少許檸檬汁攪打成芒果泥。

4. 取雪花冰放入碗中，加上芒果丁，淋上芒果泥，再淋上煉乳即成。

5. 用雪花冰加上蜜紅豆與煉乳，即成紅豆雪花冰。

港式香芒布丁

▌材　料

A. 芒果肉300g、蜂蜜4大匙、奶水1/3杯（白美娜濃縮牛奶）

B. 吉利丁粉1大匙（10g）、冰開水4大匙（60CC）、熱開水1/3杯（80CC）

C. 檸檬汁2大匙、細砂糖適量、芒果丁1/2杯、奶水適量

▌做　法

1. 吉利丁粉輕輕撒在冷水表面，略放5分鐘等待膠體膨脹。

2. 芒果肉用調理機打成果泥，倒入鍋中加入蜂蜜拌勻，開火煮至鍋緣冒泡再加入奶水調勻即可熄火。

3. 膨脹的膠體加入熱水調化，立即加入果泥中攪拌均勻，再加入檸檬及細砂糖調整風味，即為芒果果漿。

4. 芒果丁分別放入要盛裝布丁的模型中，倒入芒果果漿，放涼後移入冰箱冷藏3小時，食用時在上方淋上一層奶水。

芒果杏仁奶凍

材　料

A. 水2.5杯（600ml）、細砂糖1大匙、吉利T粉2小匙、杏仁粉6大匙

B. 芒果果肉丁約1.5杯

C. 芒果泥1/2杯、水1/2杯、細砂糖1大匙、吉利T粉1小匙、檸檬汁少許

做　法

1. 在乾鍋中把A料的吉利T粉跟細砂糖搖勻，加入水煮開，熄火前加入杏仁粉調勻即可填在杯碗中，等待放涼凝固。（杏仁奶凍為純素，亦可將杏仁奶更改為鮮奶或豆漿。）

2. 奶凍凝固後，取乾鍋把C料吉利T粉和細砂糖搖勻，加入水調化煮開，加入芒果泥調勻即可熄火，先用檸檬汁調整風味。

3. 芒果丁鋪於凝固奶凍上，淋上煮好的芒果漿，再加入芒果丁，冷卻後移入冰箱冷藏即成。

巨峰葡萄優格冰淇淋

▍材　料

葡萄1斤、無糖優格1杯、蜂蜜2大匙、奶水2大匙

▍做　法

1. 葡萄洗淨對切，去掉葡萄籽放在盤上，移入冰箱冷凍。
2. 金屬保鮮盒用袋子包好，放入冷凍預冷。
3. 全部材料倒入調理機中，攪打成葡萄冰沙狀。
4. 將冰沙倒入冰涼的保鮮盒中抹平，表面貼上防沾紙，放入冰箱冷凍出風口最涼之處，冰凍一天一夜即可結成冰淇淋狀。

顏色鮮豔的草莓果醬

材　料

A. 草莓1斤、白砂糖3/4杯、水1/3杯、水麥
　 芽1-2大匙（糖的比例約為草莓的30%）

B. 檸檬汁2-3大匙

C. 吉利T粉1大匙、細砂糖1大匙

做　法

1. 草莓洗淨放在鍋中用薄型利刀切開口，加
   入糖、水麥芽、水，開火煮至沸騰，改中
   火續煮至草莓果肉呈現綿軟脫色的狀態。

2. 細砂糖加上吉利T粉拌勻，投入草莓糖水
   中拌煮，加入檸檬汁拌煮，可看到草莓糖
   汁回復鮮紅的顏色。測試滴在盤上立刻成
   為膠凍，即可關火。

3. 趁熱裝在瓶中，蓋上瓶蓋，蓋好不用蓋
   緊，戴上隔熱手套將果醬瓶翻轉燙過瓶
   蓋，翻轉回正，降溫後即可成為真空狀。

4. 未開封可常溫保存，開封後放冷藏保存。

做法影片

家的味道：媽媽的餃子

阿芳在包餃子時總是特別想念媽媽，心想如果蔡胖哥吃到阿芳包的水餃，可能會邊吃邊掉淚，因為餃子裡有著蔡阿嬤的味道。

阿芳的母親是一個以丈夫為天、子女為地的傳統家庭主婦。我們小時候家中的飯菜都是媽媽親自準備，念書的日子，媽媽會做好便當用走路的方式送到學校給孩子們，假日的時候媽媽就動手包水餃、炒烏龍麵、煮咖哩飯，做一些便當裡看不到的變化伙食，讓吃的內容豐富多變。我們一家三兄妹特別喜歡媽媽包水餃，媽媽會提早把韭黃洗乾淨用電風扇吹乾，肉餡打好先放在冰箱裡，包餃子的時候三個小孩圍繞在媽媽身邊爭相幫忙，看著媽媽拉皮填餡、再捏一捏，瞬間漂亮有趣的餃子就出現了，煮好的餃子我們總是能夠吃得比平常食量還要多上許多。

記得在我們小學的時候，市面上開始出現冷凍水餃，台南大同路的麗都戲院附近有軍眷媽媽包好水餃，冷凍後裝成五十個

一袋，每個星期會有一天，見到水餃爸爸的野狼機車後面放著一個鐵製的棉被箱，載著冷凍水餃送到市中心。阿芳的三舅家在永福路做生意，生活條件比較優渥，對於這種相較之下屬高價的冷凍水餃，就會願意試試看。我們在舅舅家吃過之後，媽媽學著複製冷凍水餃的風味，在水餃的肉餡中打入薑泥，但是包好的餃子卻沒能夠贏得小孩的青睞。阿芳印象很深刻，蔡胖哥跟媽媽說吃了那個帶有薑味的餃子會頭暈，呵呵！現在想起來，眷村媽媽在肉餡裡加薑泥，應該是用來改善豬肉的腥味，但是我們三個孩子打小吃媽媽的水餃，認定水餃就該是媽媽包的那個味道，加了薑，雖然同樣是媽媽包的，總覺得沒那麼對味。

隨著年齡成長，我們三個孩子各自成家立業，哥哥嫂嫂做生意忙碌，我姊姊跟孩子那時和爸媽同住，但因為進入職場就無法在廚藝上鑽研，媽媽也年邁慢慢回歸簡單的生活，包水餃這個景象，在阿芳的娘家就不曾再出現。阿芳回娘家時偶爾也會看到冷凍庫裡有大賣場的冷凍水餃，而我們孩提時最愛的媽媽的水餃味道，只在阿芳家延續下來。

嫁給劉爸這二十幾年來，除了阿芳愛吃水餃，兒子小穎同樣愛吃餃子，所以忙於工作的阿芳總會利用在家的空檔把餃子包好放冷凍，讓孩子們肚子咕嚕叫的時候，下一盤餃子就不餓了。

這段防疫自煮的時間，阿芳經常一邊替孩子們包著餃子，一邊懷念媽媽的餃子，同樣為孩子而做的身影，就是最有家的味道的媽媽味。

沒有長短腳的阿芳牌水餃

有天晚上阿芳總共用了食譜上同比例2倍再多一些的分量，完成了300多顆韭菜水餃存糧，還意外地把用了多年也沒用完的約100個水餃盒給解決了，更開心的就是把電視錄影沒有用完、包好放進冷凍保存的一點點水餃皮也全部合在一起用完。包到剩下幾顆的時候，劉爸好奇算了一下，看看阿芳的餡料與配皮是否真的配得剛剛好，最後餡料用完，只留下2張從冷凍庫拿出來已稀軟而被阿芳淘汰的水餃皮，其餘的餡料跟皮用光光。

如果水餃皮跟餡料常常拿捏不準，或餡皮容易長短腳搭不準的好朋友，可以稍微花點時間研究一下阿芳用料的配比，希望能夠幫得上忙。

阿芳也幫自己包的餃子拍了不同角度的照片，由下往上推捏的餃子，形狀飽滿、裙邊不會太厚，煮的時候不容易因為含著氣體而鼓大、破皮脫餡；每顆餃子的大小也別超過嘴巴的寬度，這樣男生可以豪邁一口吃，女生兩口一個餃子，咬了一端，另一端轉個身變成杓子狀，不容易掉湯掉餡，是愛吃水餃的阿芳對於餃子堅持的幾個點，也跟愛吃餃子、想包餃子的好朋友們分享！

韭菜水餃

　　自己包餃子常常會遇到的挫折就是，餃子在鍋裡隨著滾水上上下下，看起來又肥又大，但撈起鍋之後就縮下去。關鍵在於包的手法。餃子起鍋會洩氣是因為皮裡的空氣遇熱膨脹，將餃子皮撐大，離鍋後就冷縮，也就呈現空皮不滿餡的狀態。所以阿芳包餃子非常講究推餡捏合的動作，最好由下往上，邊推邊捏，把餃子裡多餘的空氣擠出來，而餃子的大小，不宜過大，像嘴巴大小，除了餃子煮得漂亮，讓吃的人吃相也漂亮。

做法影片

▌材　料

絞肉900g、水餃皮2斤、蛋1個、薑泥20g、青蔥花50g、韭菜700-750g

▌調味料

鰹魚粉15g、鹽10g、白芝麻油30CC、白胡椒粉1/4小匙

▌做　法

1. 絞肉加上薑泥、蛋及調味料一起順向攪打出黏性，入冰箱冷藏至肉質變結實。
2. 韭菜洗淨晾乾切細丁，青蔥切蔥花。

3. 冰鎮後的肉餡，要包餃子前才加入蔥花，與韭菜丁一起拌勻成餡。

4. 取餃子皮填上肉餡包成餃子。

5. 可放於撒粉盤上或水餃盒中工整排列，冷凍成型保存。取出冷凍水餃沖一下冷水，放入沸水鍋，以中火煮熟撈出。

實用小技巧

水餃比例參考：1斤小皮約70張，每張約9克，配餡約11-13g。有了皮和餡的重量比，就知道買多少料配多少皮。用水餃盒保存的水餃，要以保鮮膜把外層包好，才不會被冰箱吸乾水分。排在盤上冷凍的水餃，不要冰到太硬才放入袋中，只要定型不沾黏就可以包進袋子，避免乾化。要煮時不用解凍，取出用冷水沖淋一下，立刻下鍋以中火煮，效果最好。

存糧餛飩

　　很多賣麵條的店家會同時賣餛飩皮，在麵攤也很容易可以吃得到餛飩，但常見的情況是餛飩泡在湯裡沒兩下就變白又變爛，飄散在湯碗裡，影響口感，而主要原因就在於餛飩皮的做法！好吃的餛飩皮在製作的時候加了一點點的鹼，顏色稍微有點偏黃，原理跟廣東人的鹼水麵煮水後保有彈性一樣，煮好的餛飩加入湯中，會保持湯清、餛飩形體完整不散不爛。

材　料

小餛飩皮半斤、絞肉1斤、豬油泥3兩、太白粉少許

調味料

醬油3大匙、魚露2大匙、香油1大匙、白胡椒粉少許

做　法

1. 1斤的絞肉配3兩油泥，加入調味料攪打，拌出黏稠感。

2. 在餛飩皮上均勻抹開一層薄薄的肉泥，右手抹、左手抓合，成為像蝌蚪狀的小肉包，這樣子邊皮會有肉泥增厚，冷凍的時候不容易碎裂。

3. 拿乾淨的袋子放入1湯匙的太白粉，把包好的餛飩放進袋子，抓成氣球包，搖一搖把太白粉均勻沾附在餛飩上，把氣球包放入冷凍冰至餛飩結硬，再把氣球包拿出來放氣，餛飩放在袋中包好直接冷凍保存。

4. 冷凍的餛飩拿出來之後會是一顆一顆分開成形的冷凍餛飩，不用擔心沾黏也不需特別用盒子排列。

5. 烹煮時先把水燒開，從冷凍庫拿出餛飩用水快速沖掉外表多餘的太白粉，立刻下鍋煮到浮起，再多煮1分鐘，搭配基礎的清高湯，湯頭以魚露調味，加上少許細芹菜末和幾滴香油即成。

滷味

　　香料,是料理的一門深奧學問。其實香料除了提供香氣,往往還帶有對身體的功效,所以也是藥材的基本材料。於是阿芳動念,想要滷一鍋適合我們飲食的傳統滷味,把阿芳自己習慣用的滷包配方跟大家分享。先開好一鍋滷水,拿來滷什麼都好吃,等滷水濃香出味後 還可以用來燙蔬食青菜、拌辣油花椒,美味多變化又實用。

▌材　料

雞翅、翅小腿、豬頭皮或牛筋等帶膠質的食材約1.5斤、薑片5-6片、乾辣椒2-3根、滷香包1
包、醬油1/2杯、紹興酒1/2杯、粗鹽適量、水10-12杯

▌滷香包

可用市售現成的滷包，也可依照下圖中的12味，請中藥房抓配，再搭配乾辣椒，清洗敲擊後
用棉布包包好

▌做　法

1. 帶膠質的食材若是豬頭皮或牛筋，可先用水汆燙去掉雜質；雞翅清洗乾淨即可。

2. 滷香包用水快速沖洗，加上乾辣椒、水、醬油、紹興酒一起煮至沸騰飄出香味，再加入膠
   質肉類食材同煮。（可在鍋底先放上一個架子，讓湯水對流，避免有膠質的食材黏底產生
   焦味。）

3. 不需持續小火開滷，滷汁沸騰改小火煮2-3分鐘就可以熄火浸泡，雞翅類只需一次就可撈
   出，豬頭皮煮滾熄火燜泡，重複2次，牛筋類可以重複約3次。

4. 隨著開火次數越多，滷湯的香味會越濃，水量和鹹味可以隨時增加調整。

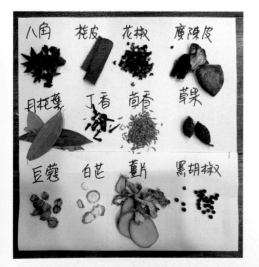

自己做滷包

阿芳使用的香料如左邊圖示，分量就是圖片中看到的
量，但不用分毫不差。如果大家想拿去中藥房買，可把
照片給老闆看，請店家幫忙配。最重要的是，香料材包
入布包，拿到水龍頭底下清洗乾淨後，一定要用石頭和
瓶子把各種香料敲碎，滷製時在鍋底先放上架子，讓湯
水對流以免膠質食材黏底生焦。

化皮燒肉

　　在阿芳家小孩上學帶便當的年代,有個常常露臉的便當燒肉,是阿芳用廣西製作扣肉的油炸方式做成的化皮鍋燒肉。網路上很容易找到許多脆皮燒肉的分享,做法主要是用廣東師傅掛爐燒肉的概念,變化成用家裡的電烤箱或氣炸鍋來製作,只不過阿芳習慣用蒸的方式先把肉蒸熟脫油,醃入味後,掌握炸酥起泡的效果,就可以做出肉帶鹹香、皮層不發硬、入口咀嚼有餅乾酥化感的化皮燒肉。

做法影片

▎材　料

五花肉1塊（寬10公分，長15公分，避免使用黑豬肉）、水適量、鹽1小匙、小蘇打粉1/2小匙、白醋1大匙、油1杯

▎醃　料

鹽1.5小匙、五香粉1/4小匙、孜然粉1/4小匙

▎做　法

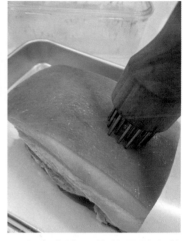

1. 豬肉以刀輕刮皮面將餘毛整理乾淨，清洗乾淨後，皮面向下放在適當大小的保鮮盒中加水淹過，放入電鍋中蒸30分鐘，再略燜10分鐘。

2. 取出肉塊，趁熱用鬆肉針或小刀尖端在皮面刺洞。

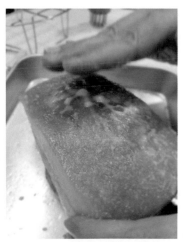
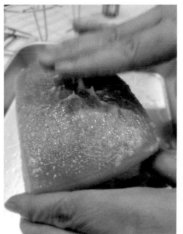

3. 在皮面抹鹽，用手彈拍，讓豬皮產生膠狀黏稠感。

4. 抹上小蘇打粉均勻擦拭。

第一部 生活滋味　49

5. 肉塊翻面，以逆向順紋在皮面切出刀口，但不要切斷肉塊。

6. 醃料混合均勻抹在肉面，不要抹到皮面，抹好後翻面正放，醃放30分鐘，也可移入冰箱風乾一晚。

7. 油炸前在乾燥皮面抹上白醋。

8. 鍋中倒放一個小蒸架，倒入1杯冷油，肉塊皮面向下放在蒸架上，讓皮面與鍋子產生些微縫隙，蓋鍋開小火，煎炸約7-8分鐘，過程中油熱後會產生油爆現象，不要開鍋，炸到沒有聲響後，熄火再開蓋翻面，同時把蒸架拿掉。

9. 重新開小火，煎炸肉面，同時以湯勺取熱油淋炸皮面，左右交替把肉面炸至金黃，再把皮面向下以小火略炸1分鐘。

10. 取出肉塊，此時皮面呈現細密珍珠泡。

11. 把鍋內的油倒乾淨，清掉鍋內沾黏的殘渣，重新放入2-3大匙剛盛出的熱油，把油燒熱，用夾子夾取肉塊，皮面向下以熱油炙燒，至豬皮香酥脫油起大泡取出，略微降溫後，切塊切片排盤。

化皮燒肉眉角

魔鬼藏在細節裡，要做出好吃的化皮燒肉，有幾個細節要留意：

一、 五花肉的選擇。肉層厚度薄一點、肥瘦相間、皮薄一些的白肉豬，會比又厚又肥、皮層厚的黑豬肉來得好吃。

二、 用水分一起浸泡入蒸，皮面向下，肉才不會蒸得乾柴，皮也能夠蒸得軟，蒸好趁熱扎針，深度要從皮層到肉層，才不會產生皮肉分離的現象。

三、 趁熱抹鹽拍出膠質，是讓皮層的水分釋出；抹小蘇打粉可讓皮層的膠質產生軟化效果；快速晾乾後用小火煎炸，像是把虱目魚皮煎酥的概念，也可以把刺洞抹鹽脫膠後的肉塊，用鋁箔紙把肉的部位包好留著皮層，放入冷藏風乾一晚，乾化的豬皮經過油炸，就像爆豬皮一樣很快能夠炸酥。

四、 如果晾乾的時間不長，抹一點醋可以跟小蘇打產生酸鹼中和效果，才不會吃到小蘇打的味道，若是用冰箱晾乾的方式就可省略這步驟。

五、 最後用少量油升高溫度炙燒，可達到像掛爐一樣熱燙的溫度，產生最好的起大泡效果。

芋棗

材　料

A. 芋頭1個（約1斤）、油2大匙、太白粉半杯

B. 太白粉3大匙

調味料

二砂糖5大匙、鹽1/2小匙（強）、五香粉1/8小匙、白胡椒粉1/8小匙

▍做　法

 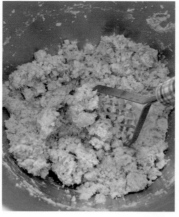 

1. 芋頭切大塊蒸熟，趁熱壓成泥。

2. 拌入調味料和油，再加入半杯太白粉拌勻。

3. 取芋泥糰揉成棗子狀，外表沾上薄薄一層太白粉。

4. 油鍋加熱至溫油狀態，不要過冷，可先投入一顆芋棗測試，不會脫散，即可維持中火投入其他芋棗，炸至金黃，起鍋前升高油溫，撈出瀝油後即可食用。

台南麻糬芋粿

▌材　料

芋頭1個（約1斤）、糯米粉1又1/2杯、太白粉3/4杯、水1又1/4杯、白砂糖1杯、油1小匙、炒香白芝麻2大匙

▌做　法

1. 糯米粉加太白粉再加入水調成米漿，先留1/3-1/4的量，剩餘的粉漿加上油和半杯白砂糖攪勻，倒在鋪上防沾紙的有洞蒸盤上，移入蒸鍋蒸10分鐘。

2. 利用蒸甜粿的時間，把芋頭刨粗籤，加上預留的粉漿拌勻，再加上半杯白砂糖翻拌均勻，鋪平在鍋中的甜粿上，續蒸25分鐘。用筷子測試，芋頭籤軟綿斷裂，表示完全熟透，即可取出。

3. 在芋籤粿表面蓋上一張防沾紙，壓上另一個盤子反扣，撕開底層的防沾紙，趁熱撒上捏破口的炒香白芝麻。

4. 待完全冷卻後切塊食用。亦可把切下的芋籤粿，沾滾上一層芝麻糖粉，即有像麻糬一樣的口感風味。

做法影片

雙味芋泥米布丁

材料

A. 芋頭塊200g、細砂糖4大匙、油2大匙、奶水1/2杯、
鹽少許、冷開水適量

B. 白飯1碗、水1.5杯、奶水1/2杯、細砂糖2大匙

C. 紫米飯1/2杯、水1.5杯、糖1大匙、桂圓肉2大匙、
米酒3大匙

做法

1. 芋頭蒸熟壓成泥狀，趁熱加入其餘A料拌成滑細芋
泥，可視芋泥狀態用冷開水調軟，取小糰芋泥放在
甜品杯底層。

2. 白飯加水、奶水煮至沸騰，改小火攪煮5-6分鐘，
加入糖拌勻熄火。趁熱填裝在芋泥杯中至半杯高
度。

3. 紫米飯加水煮至沸騰，改小火再多煮5-7分鐘，加入糖及切碎的桂圓肉攪
煮均勻，加入米酒煮沸熄火。

4. 把紫米桂圓淋蓋在白色的米布丁上層，敲震幾下讓米布丁平整。完成後
放入冰箱冷藏冰涼後食用。

做法影片

芋丸兩吃

　　阿芳錄製《健康好生活》時，製作人表示芋頭料理是觀眾非常喜歡的菜色，每每播出都有好收視率，這個芋丸正是為了「健康吃小吃」的節目主題而做，阿芳把彰化芋肉丸做了適合現代家庭操作的變化版，以米穀粉取代地瓜澱粉，簡化包肉餡的手法做成原味，加上肉燥同樣有芋肉圓的風味，也能夠搭配清湯，好做好吃有變化，做成一個個小分量取代米飯的概念，傳統小吃也能健康好生活。

材 料

A. 芋頭1個（約1斤）、醬油1大匙、二砂糖3大匙、白胡椒粉1/4小匙、鹽1/4小匙、油1大匙、蓬來米粉3/4杯、噴水適量

B. 絞肉4兩、醬油3大匙、油蔥酥2大匙、水1杯

C. 香菜末和韭菜花少許、熱排骨湯適量

做 法

1. 芋頭刨籤，加上A調味料拌勻，再加上蓬來米粉拌勻，以噴水器噴濕。

2. 取芋頭料抓成肉圓狀放在防沾紙上。

3. 移入鍋蒸20分鐘蒸熟，取出即為原味芋丸。

4. 絞肉炒散，加上醬油炒香，加入油蔥煮出香味，即為肉燥。

5. 芋丸可淋上肉燥，撒上胡椒粉、香菜末為乾式吃法。

6. 亦可把芋丸放在湯碗中，淋上熱排骨湯，加上香菜末、白胡椒粉，為湯式吃法。

料理芋頭小撇步

芋頭外表帶著草酸的根鬚，千萬不要先拿去洗水，不然削皮的過程容易把草酸的漿體黏在手上而感到奇癢無比。最好的方法是乾乾的把皮先削掉，用紙擦拭乾淨，才做清洗的動作，如果真不小心被芋頭弄得發癢，在癢的部位抹上白醋，酸鹼中和，於靠近爐火的位置稍微把手烘乾，再把手洗乾淨就可以了。

若是需要刨籤，一定要先把芋頭的四邊刨出條紋狀，拿在手上有止滑的效果，才不會不小心刨傷手。好吃的芋頭乾爽粉質硬邦邦不好切，如果芋頭太大千萬不要縱向剖半，容易產生夾刀的現象，從橫向攔腰切半，有了平剖面可以安穩立在砧板上，剖半切塊更安全。

蜜芋頭

　　芋頭富含澱粉、蛋白質、膳食纖維、維生素，口感綿密，蒸煮後飄著濃濃香氣，顏色又誘人，是很好的料理食材。阿芳的農業行腳曾到訪台灣芋頭產量最高的公館鄉，九月是芋頭收成季，在農友們辛苦耕作下，大遍芋頭田長滿了芋頭。不過在採訪過程中，卻看到天災帶來的產地真實面貌，讓阿芳更能體會農民的辛勞。

▌材　料

芋頭1顆、水適量、二砂糖1杯、米酒1/4杯

▌做　法

1. 芋頭切大塊加水，以不蓋蓋子的方式煮到軟。（這步驟看似簡單，卻容易把芋頭煮散，重點在於不蓋蓋子。變通方式是切塊的芋頭沖一下水就放入電鍋裡蒸，蒸到可用筷子刺穿，蒸熟的芋頭不要一直開蓋讓熱氣跑掉。）

2. 取一個大鍋倒入4、5杯水，加半杯糖煮成淡糖水，把熱熱的蒸熟芋頭放到淡糖水中，不加蓋以中火熬煮。

3. 煮到湯水減少，再加1/4杯的糖、1杯的水加蓋續煮至湯汁變少，顏色略為變紅。可用筷子刺穿顏色最深的芋頭，確認可輕鬆刺過，如果還不能就再補一次清水，防止燒乾。

4. 確認可輕鬆刺穿芋頭。糖水減少表示糖汁已經進到芋頭裡，接下來就可再添加1/4杯米酒和最後1/4杯糖，天氣冷的時候，阿芳還會放上兩顆桂圓肉，蓋上鍋蓋改小文火約煮5分鐘。

5. 湯水產生泡沫狀，開鍋翻動可見色澤反紅，產生帶有澱粉質的糖汁，表示蜜芋頭完成。

6. 蓋上鍋蓋燜到涼透，裝入保鮮盒放入冷藏即成。

2020農業行腳見聞

阿芳跟著芋農走進芋田，發現因為天氣炎熱加上下雨，發生了白絹病害，不少芋頭都出現部分潰爛，災損慘重。但受傷的芋頭同樣是用心栽種的，只要經過削皮整理後，剩下來漂亮的部分一樣有好品質。大家一起惜福受傷的芋頭。

受傷的芋頭

惜福美味的芋頭

海苔醬／海苔酪梨杯

　　酪梨是一種很受醫生推崇的好食材，每年健康性料理節目的製作單位一定會特別安排一集介紹酪梨，所以阿芳必須努力開發酪梨的不同吃法。在劉爸在YouTube頻道上，「酪梨你都怎麼吃」的影片瀏覽人次高達100多萬次，加上阿芳的好朋友酪梨農大飛哥經常會把好品質的酪梨跟阿芳分享，酪梨產季時，不論是日式吃法、台式沾蒜泥醬油、豬妹愛喝的酪梨牛奶，在阿芳家天天都上桌！

做法影片

┃材　料

無砂紫菜片約20g、水1杯

┃調味料

醬油2大匙、米霖2大匙、味噌2大匙 、白芝麻油1小匙

┃做　法

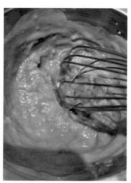

1. 紫菜用剪刀剪小片，放在細網中以水略沖洗。

2. 先取1大匙米霖把味噌調軟。

3. 水加上醬油和米霖一起煮開，加入紫菜翻炒至湯水被吸收，再多炒一下讓紫菜柔軟。

4. 加入味噌醬拌炒至收汁，最後加入白芝麻油拌勻熄火，即可裝瓶放涼，冷藏保存。

5. 酪梨切丁放在杯中，加上少許和風淡醬油，放上海苔醬，視個人喜好可放上柴魚片，即成海苔酪梨杯。

酪梨沾蒜泥醬油簡易做法

1. 酪梨4分切，撕去外皮切塊，可搭配時蔬排盤。

2. 蒜末、辣椒加上醬油、白醋、白芝麻油調勻成沾醬，搭配沾食。

台式吃法

桂竹筍兩吃（雞湯滷桂筍／香炒桂筍）

　　竹筍一旦出土會逐漸變苦，纖維也會變粗，為了維持鮮度，筍農們辛苦地天未亮摸黑上山採筍；採收後，要避免曝曬，泡水保持鮮度。大部分的桂竹筍會透過蒸氣、殺青等加工方式做成熟筍販賣。如果買的是真空軟袋裝，常溫保存即可，打開後最好一次煮掉，否則一定要冷藏保存，盡快食用。產季時，市場上也能買到殺青好的未包裝筍或桶裝筍，尚未烹調前先用水燙煮一次。阿芳的娘家哥哥就在市場中賣筍子，所以家裡有吃不完的筍子，桂竹筍是媽媽跟阿芳都很喜歡的食材。

▌材　料

A. 滷湯用：桂竹筍1.5斤、雞油4大匙、蒜仁4-5粒、紅辣椒1根、高湯或水適量

B. 拌炒用：桂竹筍半斤、蛋2個、嫩薑絲1撮、香菇2朵、蝦米1大匙、青蔥段少許、泡香菇水1杯

▌調味料

A. 魚露、雞粉、鹽各適量

B. 醬油少許、鹽和雞粉各適量

▌做　法

1. 桂竹筍洗淨，要滷湯的切段狀。

2. 雞油爆香蒜仁，加入清水或高湯，再加入筍段煮到沸騰，用調味料A調味，加入辣椒段蓋鍋以小火煮15分鐘即成。

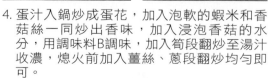

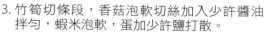

3. 竹筍切條段，香菇泡軟切絲加入少許醬油拌勻，蝦米泡軟，蛋加少許鹽打散。

4. 蛋汁入鍋炒成蛋花，加入泡軟的蝦米和香菇絲一同炒出香味，加入浸泡香菇的水分，用調味料B調味，加入筍段翻炒至湯汁收濃，熄火前加入薑絲、蔥段翻炒均勻即可。

走過農業行腳，
讓阿芳煮筍子格外有滋有味！

「農業行腳」是阿芳跟劉爸在這幾年工作之餘，最喜歡做的一件事，讓我們有機會認識許多種植與生產不同農漁產的農友，透過產地直擊，跟著農友工作互動，讓我們還有粉絲頁上的好朋友，對於日常所吃的農產品可以有更深度的認識。

五月份我們來到了苗栗的南庄，在海拔1300的高山上，一大清早就走入竹林，跟著農友的腳步登高攀爬、翻起翻落，在竹林中尋找像寶劍一般的桂竹筍。農友起得特別早，動作迅速敏捷，因為天沒亮採收的筍子特別細嫩，交到農會的收購價每公斤都能夠高一些。除了必須早起農忙，對阿芳和劉爸來說，最難的是用竹簍背著那麼重的筍子，還要爬高爬低，一般人根本做不到，讓人深深感受到竹筍的可貴。

桂竹筍一年就是一季的收成，除了產季在市場可以買到煮熟的鮮品，最方便的就是買常溫保存的真空鋁箔包，這是把採收下來的桂竹筍，把握細嫩的黃金時段，用最快的速度高壓殺青蒸熟，放在真空袋裡，經過後殺菌，留下了鮮甜的筍子，放在陰涼的地方常溫保存，一整年都能夠吃到筍子的美味。消費者一年四季都能買得到跟產期一樣好品質的筍子，拿來滷或炒，不同的手法有不同的風味。

食材多了一點酸，美味的層級更高段！

不同季節有不同盛產，當令的食材簡單吃就美味，但是同樣的食材經過淡鹽水的浸泡，隨著時間會產生乳酸發酵變酸的風味，變得非常有特色。好比說韓國的發酵泡菜、北方的酸白菜在沒有添加醋的情況下就能產生酸滋味，不管是直接吃或者再做料理烹調，成就出來的美味就源於那股天然酸味讓原始食材進化升級。

在餐桌上，酸酸甜甜的開胃菜始終是最討喜的用餐前奏，廣東人常做的泡菜叫做酸果、日本人做的開胃前菜醋漬、台灣小吃臭豆腐旁邊不能少的泡菜，雖然嚐起來各有風格，卻有著共同的特質──一吃就開胃，跟油炸食物搭配食用，有解膩的效果。

這樣的酸滋味是食材經過殺青加上糖醋之類的調味，得到的好味道。不同的酸滋味在家可以輕鬆做，食材簡單，料理手法也不難，學會概念跟手法，叮以應用在不同的食材。

酸筍絲

▋材　料

麻竹筍肉1節、熱開水適量、鹽1.5小匙

▋做　法

1. 麻竹筍切細絲，填入乾淨的玻璃瓶中。

2. 沸騰熱開水加入筍絲瓶，600ml容量的瓶子加入1小匙鹽，略微降溫後即可蓋上瓶蓋。

3. 放在室溫1天後開始發酵，約3-4天可以發酵成酸度足夠又帶香氣的酸筍絲，開瓶食用後要移入冰箱冷藏。

酸黃瓜

材　料

迷你小黃瓜1斤、月桂葉2葉、乾辣椒適量、
胡荽子2大匙（可用香菜頭取代）

酸湯水

水2.5杯、鹽2小匙、糖1大匙、糯米醋半杯

做　法

1. 黃瓜清洗瀝乾，放入乾淨的瓶子，加入胡
   荽子、月桂葉及乾辣椒。

2. 水加鹽、糖一起煮到沸騰，加入白醋即可
   熄火。

3. 趁熱把醋水倒入黃瓜瓶中，放置降溫後即
   可加蓋移入冰箱，冷藏1天即可食用。

柚香千張蘿蔔

▌材　料

半條白蘿蔔、1.5杯水

▌調味料

二砂糖或冰糖4-5大匙、白醋1/2杯、米霖3大匙、鹽1/4小匙（強）、柚子醬適量

▌做　法

1. 白蘿蔔削皮後，切像水餃皮般的薄片，不需用鹽先殺青，直接放入保鮮盒中。

2. 1.5杯水加 4-5大匙二砂糖或冰糖先煮滾，加入調味料的白醋、米霖、鹽調勻，煮開熄火。

3. 趁調味料熱滾時沖入蘿蔔片中，放涼後加入少許柚子醬立刻加蓋移入冰箱，冷藏1夜即可食用。

泡 椒

▌材 料

紅辣椒1/2斤、冷開水約2-3杯、鹽1小匙

▌做 法

1. 紅辣椒洗淨晾乾水分，取一乾淨的直立型瓶器，插入紅辣椒，加上冷開水盡量淹沒，加入1小匙鹽防臭水。

2. 蓋上瓶蓋，整個瓶子放在一個碗中，放置4-5天等待水由清澈變乳白，綠色辣椒蒂轉成鹹菜黃色，即為發酵完成的酸味泡椒，確認喜好酸度足夠後，移入冰箱冷藏。酸湯水也可用於料理烹調。

剁 椒

材 料

紅辣椒5-6兩、紅甜椒1小個、蒜末2大匙、
薑末1大匙、鹽1小匙、米酒2大匙

做 法

1. 紅辣椒洗淨晾乾，折成小段用調理機打成
   辣椒碎，蒜末、薑末拍切完成。

2. 紅甜椒切成小丁末。

3. 辣椒碎、紅椒小丁、加上蒜末和薑末，以
   及鹽、米酒一起拌勻，填入瓶中，放置室
   溫發酵1-2天。

4. 從瓶子看到辣椒產生往上跑的氣泡，約2-3
   天成為酸口的剁椒，辣椒軟化顏色鮮紅，
   湯水帶有酸味，可移入冰箱冷藏保存。

5. 移入冰箱可存放2星期以上再做使用，藉
   以跨越蔬菜自然產生的亞硝酸旺盛期。

麻油紅蟳

「螃蟹一呀爪八個，兩頭尖尖這麼大個」，在阿芳喜歡的海鮮食材中，螃蟹排名第二，也是劉爸跟阿芳都喜歡的滋味，所以每到秋天吃蟹的季節，我們一定會買上幾次，吃了螃蟹、品了季節的味道。疫情期間，阿芳透過宅配買了紅蟳，把整個料理過程拍下照片。入秋去到嘉義布袋漁港，發現是買紅蟳的一級戰區，除了紅蟳，還有膏香十足的幼母蟳。阿芳在深夜食堂開了麻油坪紅蟳的直播，才發現愛蟹人士真多啊。

材　料

中小型紅蟳或幼母蟳（處女蟳）4-5隻、水1杯、鹽1/2小匙、老薑片8-10片、白芝麻油2大匙、米酒2-3大匙

沾　醬

薑泥2小匙、冷開水2大匙、糖1大匙、白醋3大匙

做　法

1. 紅蟳用袋子包好放入冷凍冰存1小時讓紅蟳冬眠昏睡，也可以用大量冰塊水浸泡達到同樣效果。

2. 取出紅蟳，剪掉綁繩，用牙刷刷洗乾淨，斗殼向下排入鍋中。

3. 水加鹽調勻倒入鍋中，加蓋開火煮至螃蟹顏色變紅豔，熄火取出螃蟹。

4. 另取一鍋把薑片用白芝麻油以小火爆香，螃蟹入鍋翻轉沾上麻油。

5. 加入2-3大匙的水，加蓋重新開火，以中火煮至湯水收乾，鍋底產生螃蟹湯水燒出的金黃鍋巴，反覆搖鍋，讓麻油香氣沾附螃蟹上，即可熄火趁熱淋上米酒立刻蓋鍋，再多燜2分鐘，開鍋取出螃蟹。

6. 薑泥加少許白開水、糖、白醋調成沾醬。

7. 回溫後的螃蟹用刀小心切剁成半，搭配薑醋沾醬食用。

酒香桂圓米糕

▍材　料

A. 圓糯米1斤、油1大匙、水或米酒2杯

B. 桂圓肉3兩、二砂糖1/2杯、米酒2/3杯

▍做　法

1. 圓糯米洗淨加水浸泡1.5小時，瀝乾水分備用。

2. 桂圓肉用1/4杯酒炒熱，加入二砂糖炒出香味，熄火加入剩餘半杯米酒，盛出備用。

3. 不沾鍋中加一大匙油，下圓糯米炒出熱度，讓米粒均勻沾附油脂，加水蓋鍋用中火煮至沸騰，開鍋把米粒再翻炒一次，推平米粒，改小火再煮3-4分鐘，開鍋翻炒第二次，推平飯粒，蓋鍋多煮1-2分鐘，不要開蓋，熄火燜10分鐘即成糯米飯。

4. 開鍋翻鬆米飯，加入桂圓糖酒，開火翻炒均勻，讓米粒吸收糖酒汁，產生黏性即可熄火。

5. 模盤中鋪上防沾烘焙紙，填入桂圓米飯整平，蓋上防沾紙，用保鮮盒壓實，放至完全涼透，成為整塊狀的米糕，刀子抹少許油切小塊後用袋子包好。

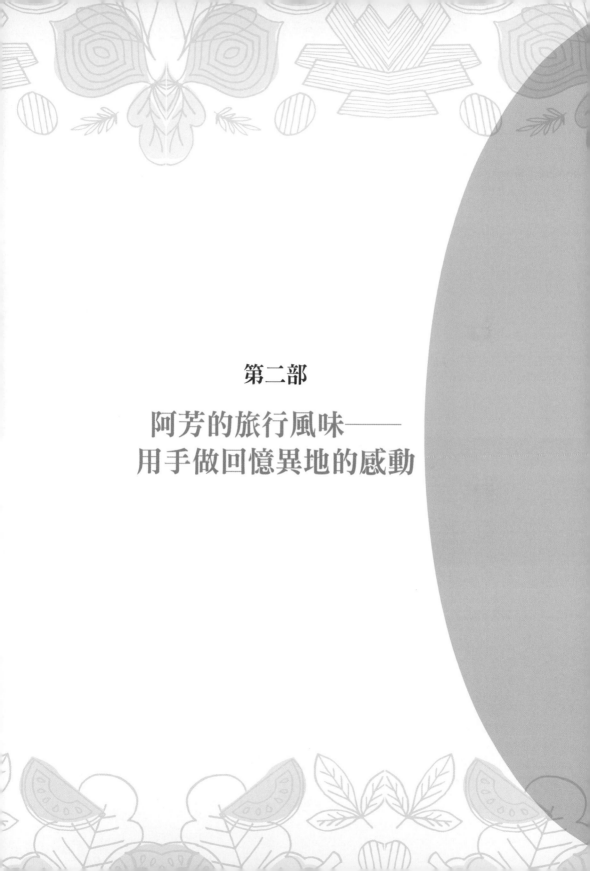

第二部

阿芳的旅行風味——
用手做回憶異地的感動

我有一個印度夢

疫情三級警戒期間的某一天，阿芳問兒子：「去年我們從印度回來買送給你們的印度香水用了嗎？如果還沒有用，我可以先拿回來嗎？」2020年2月，阿芳跟劉爸兩人到印度自助旅行，旅程中買了些香水，自己留下兩瓶，這兩瓶香水都用光後，心裡有點惆悵。這印度香水就跟阿芳喜歡用的印度皂一樣，用過就回不去了，只不過台灣有貿易商進口印度皂，隨時都能夠買得到，可是香水就買不到了！或許很多人會懷疑印度香水好聞嗎？真的只能說用過就知道，

那段期間電視台幾位女性工作夥伴經過我身邊，都會問阿芳用的是什麼香水，味道很香很舒服，也因為如此，發現香水離瓶底越來越近，阿芳就覺得捨不得。

阿芳愛印度，應該從印度牛奶說起。阿芳跟劉爸到印度旅行時選擇住在民宿家庭，體驗印度人的家庭生活，分享交流彼此的文化，讓我們有機會用不一樣的視角看印度。而阿芳就是由民宿的印度媽媽從一早開始的生活作息中，看到了印度飲食

傳統的許多小智慧。

　　印度媽媽有一口像炒菜鍋一樣的煮牛奶鍋子，每天早上會有人送來兩袋牛奶，印度媽媽會先將牛奶煮過，一部分煮茶，另一部分跟冰箱裡前一天的酸奶調一調，放進燜燒鍋中，一看就知道是在做優格酸奶；剩下的牛奶在鍋中加入檸檬做成凝乳奶酪，在我們吃咖哩烙餅的時候，印度爸爸會把凝乳奶酪抹在烙餅上；而過濾出來的乳清水，印度媽媽又拿來揉餅──這就是有趣又實用的印度牛奶，讓阿芳真的大開眼界，也深深愛上了這個看似混亂卻充滿驚奇，兼具傳統與深度的國家。

　　香料是印度飲食的靈魂，印度媽媽的香料櫃也是一個寶庫，阿芳像入門的徒弟般聞香試味，仔細觀察學習印度媽媽的使用技巧。孜然永遠是第一個下鍋，做咖哩爆香洋蔥的時候，一定會加鹽讓洋蔥快速萎縮，大量使用蔬食材料，跟食物借味，種種都讓阿芳有不一樣的烹調體驗。

　　雖然跟印度媽媽兩個人的年紀差不多，但我就像小女兒般每天跟著她學習，要出門的時候，印度媽媽也會在我的眉間幫我點上紅印，讓阿芳增加一點印度味，十幾天的相處，要回台灣時，印度媽媽也幫阿芳準備了各式各樣不同用途的香料。

　　回到台灣後很快疫情就蔓延開來，原本我們規畫二遊印度的夢就此打住，但是對印度的那種喜歡，已經像一顆種子埋在阿芳心裡。於是這一年半來，阿芳看印度電影感受印度點滴，複習印度料理以便牢記印度味道，偶爾劉爸會請阿芳煮印度奶茶，享受不一樣的午茶時光，學著印度人搖頭是點頭的特別邏輯，這些都是我們想念印度的方式。

　　我們在台灣、在家裡、在阿芳的廚房裡，做著印度夢。

油漬香草凝乳球

材　料

凝乳奶酪球1份（見右頁做法）、義式洋香料少許、鹽少許、冷壓橄欖油適量

做　法

1. 乾淨的瓶子放入一些冷壓橄欖油，加入鹽及香料用筷子稍微攪拌。

2. 把整平壓乾的凝乳切塊，再搓成小球。

3. 奶酪球放入油中浸泡，油量添至淹沒乳酪球，移入冷藏。（冷壓橄欖油放入冰箱會呈現像豬油般的凝固狀，使用時取出放置室溫下，就會回復清澈狀。）

印度凝乳奶酪

做法影片

▌材　料

鮮奶5杯、檸檬汁約3-4大匙、鹽1小匙

▌做　法

1. 鮮奶在鍋中推炒加熱至鍋邊開始微微起泡即可熄火（此時約攝氏70℃）。

2. 繼續推炒2-3分鐘讓牛奶稍微降溫，加入檸檬汁輕輕翻攪，看牛奶起花，把檸檬汁下在不同的地方。

3. 至約7成的牛奶都起花即可停止，加蓋靜置5分鐘。

4. 取紗布巾放在漏網上，把鍋中牛奶倒入紗布中，四邊綁起吊高，自然滴乾，至水分不再連續滴下，即可拿下旋轉成圓球狀。

5. 可用盤子再重壓10分鐘做最後脫水。脫乾水分的凝乳，可用布球擰壓成想要的形式，亦可用手抹上少許油搓成小球狀，用於搭配麵包及沙拉，或吃咖哩囊餅時提味。

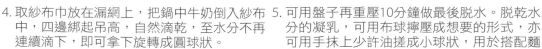

印度囊餅

材　料

A. 中筋粉心粉3杯、　鹽1/2小匙、乳清水1.5杯（亦可使用原味優格加水取代）、即溶酵母粉1/2小匙

B. 蒜末1小匙、孜然粒1/8小匙、油2大匙、鹽1/4小匙、　薑黃粉1/4小匙

C. 香菜末1小把

▌做　法

1. A料放盆中用筷子攪拌，不見水分即可抽出筷子，加蓋靜置鬆弛30分鐘讓麵糰產生麵筋。

2. 靜置的麵糰由四邊往中間拉起，把麵糰整成光滑狀，放回盆中加蓋靜置鬆弛20分鐘；重新再把麵糰整理成光滑狀，再加蓋鬆弛10分鐘。

3. 利用麵糰鬆弛的時間，將孜然以手捏出香氣放入鍋中加油炒香，下蒜末和鹽炒出香氣即可熄火，加入薑黃粉拌勻成為印度風味香蒜油。

4. 桌面上抹油，鬆弛後的麵糰按壓成圓餅狀，切成8等分，再收整成圓球，加蓋鬆弛15分鐘。

5. 鬆弛麵糰用手按扁，放上香菜末，擀成水滴狀薄餅。

6. 烤箱預熱至220℃，不沾鍋也加熱，將餅胚香菜面向下，貼入鍋中，加蓋以小火烘至餅面開始產生氣泡狀即可翻面，並在餅面刷上香蒜油。

7. 把餅移入烤箱，烘烤6分鐘，即可見餅產生大氣泡香酥狀，依此法把所有的餅先煎後烤全數完成。

8. 完成的印度囊餅可搭配鷹嘴豆咖哩沾食最具印度味。

鷹嘴豆咖哩

▌材　料

鷹嘴豆1杯、洋蔥1個、大紅番茄1個、孜然粒1/4小匙、
咖哩粉1大匙、紅辣椒粉1/2小匙

做法影片

▌調味料

鹽1小匙、糖1/4小匙

▌做　法

1. 鷹嘴豆洗淨加水浸泡2小時，再次洗淨後加4杯水放入電鍋蒸熟至喜歡的軟度。（亦可使用快鍋，沸騰改小火煮10分鐘後熄火，燜至自然開蓋。）

2. 洋蔥切細丁，番茄切小丁。

3. 以4大匙油爆香孜然粒，下洋蔥丁及鹽炒至飄香，下咖哩粉及辣椒粉略炒，即可加入帶湯鷹嘴豆，沸騰後改小火推炒至咖哩香氣濃郁，再以少許鹽和糖調整味道，熄火前加入番茄丁翻炒均勻。

印度奶茶

　　到印度旅遊時，每天都會喝上一杯現煮的奶茶。記得在香料市集門口的一個小涵洞裡，沸騰的鍋子煮著濃濃的奶茶，劉爸和阿芳駐足觀看許久，忍不住一人來上一杯，一杯10里拉，大約台幣5塊錢，順口香滑帶有微微薑香的奶茶，讓我們感受到了印度奶茶的魅力，吸引度破表。也曾在公路旁的加油站，喝著加了旁邊牛隻現擠牛奶的奶茶，真的是濃醇香。印度奶茶，讓人一輩子都忘不了。

做法影片

材　料

紅茶葉20g、水2杯、薑1小塊、橘皮2小片、丁香3-4粒、白豆蔻2粒、
青皮小豆蔻2粒、黑胡椒粒5-6粒、鮮奶3杯、糖適量

做　法

1. 香料以重物敲碎,加上水以小火熬煮5分鐘。

2. 加入鮮奶及紅茶葉再多煮1-2分鐘,以糖調味。

3. 以濾網過濾,即為印度奶茶。

印度奶茶杯

電鍋優格

　　優格是老少咸宜的健康飲食。在家也可以輕鬆做優格,不需要特別的優格機,用家戶皆有的電鍋保溫裝置,就從一杯優格兌鮮奶開始做起,而且每次都可以留下一小份優格再兌新的鮮奶,就有循環不斷的優格可以吃!炎炎夏日,把優格拿來做冰淇淋,或是煮咖哩時加優格調味,都有極佳的效果。

材 料

鮮奶2杯、市售原味優格一小杯

做 法

1. 牛奶在小鍋中先加熱至小朋友喝奶微溫的程度。（以溫度計測量約為40-45℃）

2. 優格倒入小碗中，取部分牛奶先和優格調勻。

4. 將牛奶優格移入電鍋，用保溫的條件放置6小時（電鍋溫度太高可在邊緣墊一張厚紙片，或在內鍋加些水）。

5. 待牛奶凝固成優格狀，取出放涼後，加蓋放入冰箱冷藏保存。

3. 將優格牛奶跟全部牛奶混合，倒入保鮮盒。

飯後神器

材 料

鳳梨或糖水鳳梨適量、無糖優格適量

做 法

鳳梨切塊放在碗中加上適量優格一起食用。

在疫情中享受旅行的心情：
有義大利國旗色彩的披薩

心情是人體的一種神奇軟體，會隨著時間環境的不同而變化。在旅行中，由於期待和興奮，心情多半是快樂且幸福的，如果再加上一些特別的遭遇，當下的感受就會讓人永誌難忘。

2017年10月，劉爸帶著阿芳到義大利旅行，經曼谷轉機後飛抵義大利羅馬，我們才下了飛機，就看到航空公司的地勤人員手拿寫著我們名字的紙張站在艙門口，原來是飛機從曼谷起飛後，航空公司已經發現我們的行李還留在曼谷沒有跟到羅馬。

突如其來的意外狀況，讓我們在羅馬過了一晚兩個人共用一支牙刷，以及從頭到腳開始採買衣物和必需品的旅行經驗。我們選擇以隨遇而安的心情，照著原訂計畫離開羅馬往下一個城市移動，而我們的行李在我們離開後才抵達羅馬。就這樣，行李追著我們跑，在我們飛往威尼斯時，行李仍然沒能追上我們。於是航空公司決定不再把我們的行李送往威尼斯，而是循原航線送回台灣。在我們完成旅行回到台灣後的第四天，行李箱終於也回家了——它獨自完成了半個多月的義大利之旅。

如果問阿芳義大利的景色，除非再度翻看照片，否則腦海裡只剩下大概的地名和約略的印象。然而，丟掉行李這件事，雖然讓旅行過程產生了很多的不便，可是改變不了事實，可以改變我們自己的心情，當下的我們很快就接受了這件意外，也讓我們在義大利的旅程不受影響，該吃的盡情地吃、該玩的也盡興地玩，還因為夫妻在患難中彼此扶持，留下了很深刻的心情回味。

疫情宅在家的期間，阿芳決定進廚房複

製我記憶中的義大利味道：義式手工薄餅披薩。阿芳總共做了三個口味，首先是有義大利國旗色彩的經典瑪格麗特。

第二個口味則是阿芳和劉爸到梵諦岡參觀聖彼得大教堂時，由於遊客人山人海而無法好好觀賞，失望準備離開之際在街邊小餐館裡吃了一頓簡單的午餐：茄子披薩。這個披薩雖然簡單卻療癒了阿芳跟劉爸低落的心情，讓阿芳牢牢記住了它的滋味。

第三個口味是洋菇黑橄欖。三個披薩都是全蔬食的，最後阿芳才加上了劉爸買的西班牙生火腿，有畫龍點睛的效果。

在家做披薩不用太講究，用平底鍋加蓋就能製作，也可以用烤箱烘烤。現在許多餐廳有方便的窯烤爐，但是在家裡面不可能這樣大費周章，阿芳的變通方式是用烤箱先烤，12-13分鐘就能烤好一盤披薩，不足的窯烤香氣，就把剛出爐的披薩再放入乾鍋加烙底部，讓麵皮產生乾烤炙燒的麵香，香脆又帶香味，成功獲得劉爸的認可，也讓我們重溫了義大利的美好。

胖媽薄餅披薩

　　在旅行途中,阿芳跟劉爸不太會特別去找什麼名店或排隊的店,隨緣看到想吃什麼就吃什麼。不經意在巷弄間,看到一家Pizza店,一看就是很民生的店家,點了幾樣東西解決一餐,有種跟著當地人過生活的感覺。義大利算是世界的美食之都,雖說歐美的食物難以複製,但這個胖媽披薩可是很對味。

做法影片

材　料

A. 中筋粉心粉3杯、即溶酵母粉1/4小匙、鹽1/2小匙、水1又1/2杯

B. 冷壓橄欖油適量

C. 番茄糊（可用番茄醬取代）、義大利香料、披薩起司絲、馬札瑞拉起司（阿芳用自製凝乳球）、紅番茄片、羅勒葉（可用九層塔葉取代）各適量

D. 披薩起司絲、義大利香料、橄欖油茄子、青椒、鹽、黑胡椒粒各適量

E. 披薩起司絲、義大利香料、洋菇片、黑橄欖、鯷魚或火腿

做　法

1. A料放盆中用筷子攪拌至不見水分的濕麵糰，不需揉麵，加蓋放置涼爽處發酵6-8小時。

2. 桌板抹上薄薄一層油，麵糰取出，輕按排氣，再按成扁平狀。

3. 麵糰由四邊往內收折，收整成圓球，按成扁圓狀，分切成4份，再把每一份收整成圓球狀，放在抹油的盤中。可重複上述做法一次，讓麵糰筋性更加延展。

4. 光滑麵糰表面抹少許油，貼上保鮮膜完全覆蓋盤上，再多蓋一張保鮮膜，防止麵糰乾化，移入冰箱靜置鬆弛40分鐘至1小時。

5. 取出鬆弛後的麵糰，手抹少許橄欖油，取麵糰在手上，像拉耳朵一樣慢慢拉成圓片。

6. 麵片鋪在烤盤上,再慢慢輕拉擴張成薄膜圓片,周圍會自然跑出圓邊。

7. 餅皮上填放喜歡的材料,移入預熱至最高溫的烤箱中,以250℃的強火力烘烤12-15分鐘。

8. 取出烤盤,把披薩滑入鍋中,用中火把餅底烙出香氣並增加熱度,產生類似窯烤的麵粉香氣即可取出。

9. 瑪格麗特披薩的羅勒葉和九層塔葉,可於披薩出鍋後撒於表面。

10. 香草茄子披薩則是把D料茄子切片,加上橄欖油、義式香料和少許鹽一起拌勻使用。

11. 可用鹹口食材增添披薩的風味,如培根末、鹹鯷魚、火腿、剝皮辣椒、辣椒醬。

接地氣的異國料理

阿芳固定會錄製《健康好生活》節目，這個節目的主調是由醫生從健康的觀點討論許多生活議題，再搭配廚師及烹飪老師做健康料理的示範，多年來一直是電視台收視率的常勝軍。成功的因素除了健康是現代人非常重視的事，最重要的是有一位細心又認真過生活的製作人，加上思緒清楚、判斷力十足的主持人，兩人的特質架構起節目內容的多樣性，主持人的精準表現更讓節目簡潔有重點。面對這樣優質的節目，阿芳總是要求自己以精進再精進的態度，思考設計節目的菜單。

節目主持人陳凝觀因為背負兩個重要帶狀節目的重責大任，對話及做事常常處於快轉的狀態，連看YouTube影片也會把速度調快1.5倍，乍聽之下有趣極了。

一次錄影時做完菜，阿芳輕鬆地坐在旁邊聽醫生分享，同時在動腦筋思考下一週的菜單，如何把健康的食材做不同的變化與運用——阿芳想要炒義大利麵，也想挑戰凝觀的倍速法，讓煮義大利麵更省時。於是阿芳回家立刻進廚房實驗，用了幾種不同的義大利麵測試後效果都很好；把杜蘭小麥做的義大利麵放入冷水浸泡30分鐘到1小時，麵條不太會斷裂或糊掉，只是浸泡後就跟我們的手長時間泡水一樣會變白，下到滾水鍋裡，變白的麵條又會回到彈Q亮黃的顏色。

隔週錄影時，阿芳將義大利麵泡水預軟，在節目中還把義大利麵的風味炒成了海鮮攤的中式炒麵，用義大利麵取代醫生們都不太喜歡的油麵。當阿芳端出泡水的義大利麵，所有人都睜大了眼睛，在講求快速精準的攝影棚，烹煮的時間整整少了一大半，用水的分量也不用那麼多，讓在座的醫生們都說要回家試試看。

後來這樣的方法成為阿芳在家經常做的省水料理，不僅省水省時間，更是一道接地氣的異國料理。

倍速義大利麵

　　道地的義大利麵跟台灣常見的白醬紅醬義大利麵，有很大的不同。義大利人炒義大利麵就跟我們煮家常麵一樣，沒有固定風格，最重要的是麵條軟硬的掌控，所以在煮麵前一定要先看清楚麵條包裝上的指示，才能夠煮出帶有彈性、微硬的好吃麵條。利用手邊既有的食材炒出香氣，讓食材的滋味融在湯水中，經過拌炒醬汁的風味會沾附在麵條上，不管濃郁或清爽，麵條的好口感都能讓人一口接一口。

材　料

A. 義大利麵條、鹽、水各適量

B. 蒜片12-15片、乾辣椒3-4根、海鮮或肉類適量、時蔬1-2樣、橄欖油適量

調味料

鹽和胡椒粒少許

做　法

1. 義大利麵條放在水盤中，加冷水浸泡30分鐘。

2. 利用麵條浸泡的時間將各項蔬菜切備完成。

3. 燒開半鍋水，加入鹽調至比一般喝湯還要鹹的程度，麵條放入熱鹽水中煮原始麵條標示的四成時間。（若麵條包裝上標示需要煮12分鐘，用此方式只需烹煮5分鐘左右。）

4. 麵條烹煮的最後2-3分鐘開始炒料，菇類可用乾鍋加熱炒熟先取出，用油爆香蒜片、辣椒，蒜片變金黃可先取出。

5. 原鍋下海鮮或肉片，加少許鹽調味，取少量煮麵水當高湯，把海鮮或肉類煮熟。

6. 麵條撈起放入鍋中一起拌炒，加入時蔬炒勻，最後加入菇類、蒜片、少許橄欖油拌勻即成清爽的清炒義大利麵。

歐爸愛吃歐包

行萬里路勝讀萬卷書，在阿芳的家庭飲食中，義大利麵跟「歐洲胖」的料理手法，都是親自飛到歐洲好幾趟，藉由自助旅行的在地生活體驗，有機會從食材以及和當地人的交流中，品嚐到他們所烹調出來的道地口味，回台灣後進一步學習調整做法。

劉爸曾說阿芳自從去義大利旅遊回來後，就像醍醐灌頂一般，煮義大利麵的功力已經爐火純青到隨便怎麼煮都好吃，跟以前孩子們小時候阿芳煮的義大利麵，在口感跟風味上是完全不同。劉爸滿意地說，現在阿芳做的根本就是義大利媽媽在自家廚房裡煮出來的家庭料理，具有義大利話所說的那種「阿墊得」（al dente，

中文是指有嚼勁、彈牙的意思）。

至於歐洲胖，愛吃白麵包的劉爸到了歐洲，可以從街角麵包坊、超級市場買到高檔的麵包店，看到就想買，哪怕是又大又長的一條麵包，正餐吃，睡覺前的消夜也吃，當然早餐就更不用說了。劉爸總是說，好吃的歐包就像台灣人吃油飯那種感覺，米飯的軟硬口感多一分太爛、少一分太硬，很難精準拿捏，所以在台灣要吃到好吃的歐包真的不是那麼容易。不過其實簡單的歐洲胖，在製作的過程中加入的物料真的單純得可以，可是就算麵包冷掉，走過麵包的旁邊，依然能夠聞到濃濃的誘人香氣，是那種麥香烘烤而出的味道。

　　放涼的歐洲胖，外殼摸起來硬得跟石頭沒兩樣，但是經過正確的烘熱後，外殼酥香、內心軟Q帶勁，不管拿來抹奶油、沾橄欖油或葡萄酒醋，都好吃到讓人忍不住一片接一片。阿芳常說，歐包就是麵包中的山東饅頭，耐吃好搭配，是帶有麵筋口感的麵包。阿芳以三杯麵粉加上很微量的酵母做隔夜的長時間發酵，藉由大量的水分在沒有揉麵的狀態下，也能夠產生水合麵筋的質感；睡覺也能做麵包，學著歐洲奶奶使用鑄鐵鍋，阿芳則用耐熱的玻璃鍋讓大歐包蓋在鍋子裡烘烤，鍋內產生的蒸氣原理就像窯烤爐一樣創造高溫，讓麵包在最短時間內，裡外完全熟透，最後階段再開鍋烤出麵包的麥香味。每當出爐時，就跟煮好白飯一樣香氣迷人又美好。

　　這樣大大的歐洲胖，當然很難一次完食，阿芳最喜歡的回熱方式，是用不沾鍋把切片的麵包放回鍋子裡，以乾鍋兩面煎熱，再把鍋蓋蓋上，熄火燜3-4分鐘，讓鍋子產生回燜的蒸氣，這樣麵包就回到了像剛出爐一樣外脆內Q帶勁的完美質感，出爐後拿乾淨的麵包巾包好，透氣又保溫，抹上奶油，是我們夫妻倆的極愛！

歐洲胖

┃材　料

A. 高筋麵粉2又1/2杯、低筋麵粉1/2杯、鹽1/2小匙、即溶酵母粉1/4小匙、水1又1/2杯

B. 手粉適量、水或橄欖油少許

▌做　法

1. A料放在盆中用攪拌機或筷子攪拌至不見水分的濕麵糰，加蓋放置冷氣房，靜置發酵約9-10小時。

2. 桌板抹上一層薄薄的橄欖油（或撒上手粉），發酵好的麵糰拉出倒在桌板上，用手輕按排氣並擴張成四方狀，分別把四邊往外略拉延展麵筋，再往對向蓋上，最後一邊稍微拉薄，把麵糰收合成光滑布包狀。

3. 撒上少量手粉，把麵糰輕輕往下周整成光滑有空氣感的圓麵糰。

4. 在瀝水籃灑上乾麵粉，或圓形盆上鋪防沾紙。

5. 整好的麵糰上撒一層手粉，拿起麵糰，光滑面向下放入模型籃中，表面再撒一點手粉，加蓋靜置後發酵1小時。

6. 發酵的最後20分鐘，把鑄鐵鍋或是耐熱玻璃鍋連蓋一起放入烤箱，以250℃預熱20分鐘。小心取出熱燙鍋子，打開鍋蓋，把麵包倒在鍋中，輕劃出缺口，在表面略微噴水，即可蓋上移入烤箱，用230℃烤30分鐘。

7. 取出開蓋，重新送入烤箱改220℃烤15分鐘，最後5分鐘打開烤箱再噴一次水，讓麵包表皮更為酥脆。

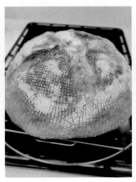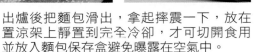

8. 出爐後把麵包滑出，拿起摔震一下，放在置涼架上靜置到完全冷卻，才可切開食用並放入麵包保存盒避免曝露在空氣中。

9. 食用的時候把麵包切片，用平底鍋兩面略煎，蓋上鍋蓋熄火略燜，就可以復熱出外酥內軟的歐洲胖。

酒香桂圓大歐包

材　料

A. 高筋麵粉2又1/2杯、低筋麵粉1/2杯、黑糖2大匙、鹽1/2大匙、即溶酵母粉1/4小匙、水1又
1/2杯

B. 桂圓肉100g、米酒3大匙

C. 手粉1/2杯

做 法

1. 材料A放入麵盆中攪拌均勻，加蓋靜置陰涼處發酵9-10小時。

2. 桂圓肉撥開，加入米酒浸泡變軟，亦可一起放在碗中入電鍋蒸3-4分鐘，讓桂圓肉拌米酒滋潤軟化。

3. 取中型的洗菜籃撒上手粉，也可用盆狀的鍋子鋪上防沾紙，外面再套上一個大鍋。

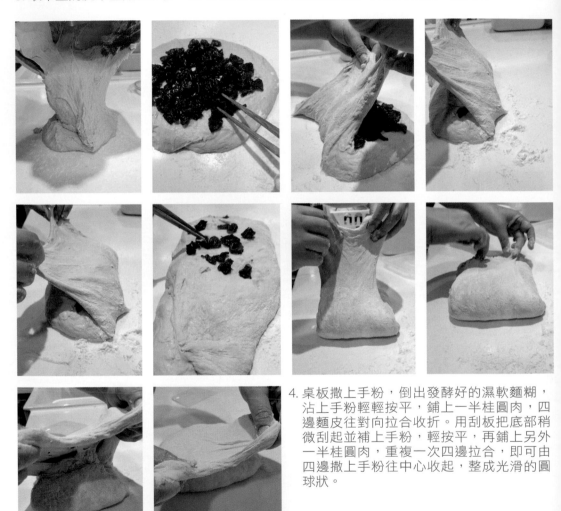

4. 桌板撒上手粉，倒出發酵好的濕軟麵糊，沾上手粉輕輕按平，鋪上一半桂圓肉，四邊麵皮往對向拉合收折。用刮板把底部稍微刮起並補上手粉，輕按平，再鋪上另外一半桂圓肉，重複一次四邊拉合，即可由四邊撒上手粉往中心收起，整成光滑的圓球狀。

5. 用刮板協助拿起光滑麵球放入模型籃中，加蓋靜置發酵1小時。

6. 發酵接近完成的15分鐘前，取耐熱玻璃鍋或鑄鐵鍋放入烤箱以200℃預熱。

7. 將乾麵粉撒在發酵好的麵糰上，小心取出熱燙的鍋子，把麵糰倒扣在鍋中，位置未正中也不需移動，蓋鍋送入烤箱以200℃烤35分鐘，再取出蓋子，以220℃續烤12-15分鐘，最後5分鐘可噴一次水，烤到麵包外殼酥脆。

8. 麵包出爐後將鍋子搖震幾下就可倒出，靜置至全涼即成。

tapas麵包

▌材　料

歐包適量、起司片、生火腿、醃橄欖和各種放涼的炒菜

▌做　法

1. 麵包切片，以站立的方式入烤箱或氣炸鍋烘烤加熱。

2. 取出麵包平放在大盤上，照自己喜歡的方式，做不同的食材搭配放在麵包上。

中西合璧好滋味

tapas是西班牙的小吃麵包，在歐洲咖啡廳或市集都能看到五花八門的搭配，讓人目不暇給，是方便且口味多樣的輕食，有時候也拿來當正餐的前菜。劉爸特別喜歡這種歐式麵包，除了起司和火腿片的搭配，家裡剩下的炒菜放涼後瀝去湯汁，搭配在一起讓麵包盤變得更豐富。

森林奶油麵包

材　料

冰涼酪梨1/2個、冷壓橄欖油1大匙、麵包和生菜葉各適量

調味料

鹽、白胡椒粉各少許

做　法

1. 半顆酪梨再從中切半，剝去外皮切丁。
2. 酪梨丁加上橄欖油、鹽、白胡椒粉攪拌均勻即成森林奶油。
3. 麵包切成蝴蝶片狀，用平底鍋略煎兩面，加蓋熄火略燜。
4. 麵包夾上生菜，填上森林奶油即成。

薯泥麵包

▌材　料

薯泥沙拉1份、麵包和小黃瓜片各適量

▌做　法

1. 麵包先剖開，可用電鍋加少量水蒸熱，或用氣炸鍋加熱，亦可微波30秒加熱。
2. 視個人喜好口味塗抹少許美乃滋，再加上薯泥沙拉及黃瓜片。

中式漢堡

材　料

漢堡麵包、排骨肉片、蛋、生菜葉、番茄、起司片各適量

調味料

鹽、胡椒粉各適量

做　法

1. 漢堡麵包放入電鍋以少許水量加熱蒸軟。

2. 蛋加鹽打散入鍋，略成型後用筷子對切成兩片，翻面後將肉片放在鍋子的另一邊兩面煎熟。

3. 蒸熱的麵包趁熱貼上起司片，鋪上生菜葉、蛋皮、肉片，撒上胡椒粉，放上番茄，合上麵包上蓋。

阿芳的貼心叮嚀

醃好的排骨肉片可在冰箱冷藏1-2天，除了當正餐飯菜，如果怕保存過久，可以一次全煎熟放涼放入保鮮盒，做早餐漢堡時把蛋煎熟，冰涼的熟肉片入鍋裡就關火，把煎好的蛋蓋在上面，用鍋底餘溫跟蛋的熱度就能夠把肉片加熱且保有濕潤度，夾漢堡很方便。

快手蒜泥麵包

　　出門休閒露營，阿芳最喜歡的就是做早餐的時間，而吐司是最容易攜帶的食材，磨蒜泥、炒蒜香、兌成奶油脂，去邊的吐司快手沾上蒜泥水，再用同樣的鍋子小火煎熱，有趣又好玩，而且吃起來像是剛出爐的蒜泥麵包。每次做這一道蒜泥麵包，大家吃的量總是會比平常多了許多，就是它好吃有吸引力的最佳證明。

材　料

厚片吐司4片、蒜泥2小匙、奶油1小匙、橄欖油1大匙、鹽1/8小匙、開水1/4杯

做　法

1. 吐司切去邊皮，再對切。

2. 蒜泥以橄欖油爆香，加入鹽炒勻，飄出香氣即可熄火，加入水和奶油一起拌成蒜泥汁。

3. 吐司放入鍋中沾上蒜泥汁，全部都沾好再回到鍋中。

4. 重新開小火把吐司煎到兩面金黃即成。

為自己充電，也享受人生的美好！

只要看過阿芳的工作本，就不難理解為什麼阿芳只要一停下工作，就會直接搭機出國旅行，因為旅程中不同的環境讓阿芳可以立刻放下工作壓力、轉化心情——旅行成了阿芳充電的最佳模式。

2020年突來的疫情封閉了各國的國門，讓自在出遊成了不可能的事，對於習慣用出國旅行釋壓的阿芳和劉爸來說，還真不知如何是好。好動的劉爸跟阿芳很快接受事實，選擇到台灣各處走走看看，走著走著，竟然體驗到我們從沒見過的高山美、海洋美、鄉村美、農田美，開車悠遊看見美麗台灣，大自然讓地貌美得變化莫測，美得讓人抒壓，這不就是我們出國旅行想要達到的目的嗎？

於是阿芳跟劉爸加入在臉書中專門以車泊接近大自然的社團「車床天地」，學習車泊前輩們在台灣營地車泊停宿。有一次帶著孫子小青蛙哥哥到露營地車泊，孫子從下車後，除了吃飯時間會回到我們營地，其餘時間都跟左右鄰居的哥哥姊姊們玩開了，從而開啟劉爸採購露營設備的想法，於是我們利用工作之餘成了最認真的學生，上網爬文或是跟身邊有露營經驗的朋友討教，一路摸索適應並從日常用品中拼拼湊湊，成了露營一族。

我們到過苗栗司馬限山上，在櫻花樹下體驗粉紅天篷；也曾在露營地三天兩夜，與雲海為伴；在日月潭湖畔看著夕陽，享受情人牛排餐；在花蓮藍天白雲海洋綠地上，丟開工作輕鬆慢活。我們以隨性自在的心態生活旅行，也讓兩個加起來100多歲的人在露營中玩得完全不輸年輕人！

彩色的幸福食堂：謝謝日本

2021年5月底台灣的新冠疫情進入三級警戒，整個社會的活動量能瞬間降載，變化莫測的病毒讓人惶惶不安，疫苗不足的討論也爭議不休。期間傳出消息，日本要贈送疫苗給台灣，台日之間的好友誼再度沸騰，從台灣人喜歡到日本旅遊、311大地震台灣的友情相助到各種日本議題，整天都能在電視節目上看到相關報導，也讓人覺得心暖暖的。

真正到了疫苗從日本起飛到降落桃園機場的影像播出時，相信每位台灣同胞心中都充滿了感謝之意，所以阿芳在自家廚房裡，以認真的態度做了一個日本便當，讓家人在疫情下可以感受日本風情，阿芳也把到日本旅行時買的便當盒拿出來使用，裝好便當，台灣媽媽的日本便當有模有樣。

日本便當看起來豐富，其實做起來並不算太難，不管是白飯或者各種開胃的配菜，甚至是烤或煎的主菜，都要先煮好放涼，最後再裝盒擺盤，整個過程輕鬆又簡單卻充滿成就感，不同的用餐模式，也能讓家人享受飲食的樂趣。沒有專業的便當盒，媽媽們也可以用家裡的小碟小盤拼拼湊湊，把不同日式風味的彩色料理拼成一份定食，每個人獨享一份。自己動手做媽媽味的日本料理，家裡就是最好的幸福食堂。

檸香蒲燒鰻握壽司

材　料

蒲燒鰻1尾、放涼白飯2碗、檸檬皮末少許

做　法

1. 蒲燒鰻在半解凍的狀態下斜刀切片排在盤中，放入加熱的蒸鍋回蒸 2分鐘，取出放涼。

2. 戴上料理手套、抹少許油，把白飯握成飯球。

3. 檸檬磨下綠皮末。

4. 鰻魚貼放在飯球上，輕握定型，排入盤上，撒上少許檸檬皮末提香。

雞蛋豆腐

材　料

雞蛋3顆、豆奶250ml、米霖1大匙、米穀粉或玉米粉1小匙、鹽1/4小匙

蜜黑豆

| 做　法

1. 雞蛋加入1盒豆奶、米霖、米穀粉、鹽，打勻過濾3次，倒入抹油的模型。

2. 加蓋放入電鍋，鍋蓋兩側各放一支筷子，電鍋保持沸騰蒸氣外洩的狀態蒸15分鐘即成。（這是以小文火蒸煮的概念，時間可依模型做調整。）

| 材　料

5號黃仁黑豆200g、水600CC

| 調味料

米霖3大匙、糖3-4大匙、醬油1小匙

| 做　法

1. 黑豆浸泡8小時，加水一起煮至完全綿軟。

2. 濾出豆子，加上半杯煮豆水及調味料一起煮開，熄火放入保鮮盒保存，豆子完全冷卻後可試味，依個人喜好調整甜度。

四川原鍋豆花（豆腐）

　　熱騰騰的四川豆花飯是阿芳和劉爸都喜歡的好滋味。兩人分工合作，費力地打豆漿、洗漿、煮豆漿、燙竹簍，點滷由劉爸動手，凝成豆腐腦後翻撥、壓籃出水的技術由阿芳完成。滿滿一大鍋的豆花，從沾著吃到把醬碟全部淋下去，劉爸吃了三碗才滿足。剩下半鍋，壓了一段吃飯的時間，剛好是最完美的豆腐狀態，泡在豆清水中，冷卻後移入冰箱冰涼，隔天就有好吃的嫩豆腐，一鍋雙享受。

▍材　料

黃豆半斤（以清水浸泡3小時）、水12杯、內酯（凝固劑，豆漿重量的千分之2.5）

▍工　具

寬面湯鍋、乾淨密孔竹簍、乾淨瓷碗4個

▍沾　醬

辣油渣、蔭豆豉、雞粉、蔥花

▍做　法

1. 黃豆泡脹加適量水打成豆漿，再洗出豆渣中的漿質，取得一大鍋約13杯濃豆漿。

2. 豆漿以中火煮滾，熄火放置12-15分鐘，此時豆漿溫度約80℃。

3. 取豆漿重量千分之2.5的內酯，加少許冷開水調化，加入豆漿中翻攪均勻，加蓋放置10分鐘。

4. 利用等待的時間將洗乾淨的竹簍、瓷碗以熱開水沖淋。

5. 成型的豆腐腦用湯勺適度翻攪，作用是壓籃時才有滲水而出的管道，攪得太細會出水過高；豆花豆腐出水過高容易過硬，不出水豆腐也無法成型。

6. 壓籃出水後，可把漿水舀至碗上增加重量。

7. 10多分鐘後就可完成熱騰騰的豆花，再多壓20分鐘就可成豆腐。

8. 舀出的漿水，可以再回到豆腐鍋中以小火一起煮滾，放涼後就可以入冰箱冷藏成為豆腐。

方便煲仔飯

　　家庭料理很難避免剩菜剩飯，尤其是小家庭，常見做法是用保鮮盒把剩菜冰存在冰箱，基本上到隔天都還是很美味。只不過這也剩一點、那也剩一點，而且隔夜菜畢竟比不上新鮮現煮的，若是新舊合在一起就是更大的分量，所以處理剩菜對媽媽來說是一門很重要的功課。

　　有天晚餐阿芳做了豉汁排骨、魷魚炒豆干、炒青菜，阿芳跟劉爸怎麼吃還是剩下一小份排骨以及一些豆干。隔天阿芳把家裡的砂鍋煲拿出來，舊的菜用新的飯回春，小砂鍋一人一份，在飯接近煮熟時把菜分量加入，用熱氣快速回蒸，配一點青菜，煮好墊個盤子，又是不同的風情。剩菜上桌術，像極了老夫老妻的生活哲學，用一點心，可以讓熟齡的幸福更青春！

┃ 材　料

簡單菜色1-2樣、白米1.5量米杯、水適量、青菜一小把

┃ 調味料

香油1小匙、醬油2小匙、米酒1大匙

┃ 器　具

小砂鍋2個

┃ 做　法

1. 白米洗淨用清水浸泡30分鐘瀝乾。

2. 白米分為2份用杯子盛裝，目視白米在杯子的高度，分別倒入砂鍋中，再用同樣的杯子盛裝一樣高度的水量放入砂鍋中。

3. 不加蓋開中小火煮到沸騰，用湯匙翻攪，續煮至米湯變稠，多翻拌兩下，加蓋改小火燜煮3分鐘。

4. 開蓋放上菜色，再蓋燜煮3分鐘，把調味料調勻成醬汁。

5. 開蓋在米飯上挖洞到底，淋入醬汁、放上青菜，蓋鍋開大火煮1分鐘，即可將砂鍋放到鋪了隔熱墊的餐盤上。

老蔥油

▌材　料

青蔥1小把、薑絲1小撮、油適量

▌做　法

1. 青蔥切段跟薑絲放到鍋中，加入冷油，開火慢慢翻炒加熱至青蔥變成焦黃色，熄火裝瓶，放涼後可用冷藏方式保存使用。

紅辣油

▌材　料

乾辣椒片2/3杯、油1.5杯、白芝麻油2大匙

▌做　法

1. 乾辣椒片放在乾淨的瓶中，加入白芝麻油攪拌均勻，放在盤上方便移動不燙手。

2. 油加熱至投入辣椒片不沉底、不焦黑的溫度，用湯匙舀熱油淋燙辣椒片，最後把所有的油沖入瓶中，靜置放涼即成。

做法影片

重慶小麵

┃ 材　料

細麵條、蒜泥水、花椒粉、老蔥油、紅辣油、肉燥、青菜、蔥花各適量

┃ 調味料

醬油、白醋各適量

┃ 做　法

1. 在麵碗中放入蔥油、紅辣油、蒜泥水、花椒粉、醬油、白醋。

2. 麵條下鍋，取1大杓沸騰煮麵水放入步驟1的醬料碗中調勻。

3. 煮熟麵條撈入醬汁中，放上燙熟的青菜，加上少許肉燥、撒上蔥花即成。

做法影片

平底鍋腸粉

　　米穀粉是把傳統製作米食需要從生米浸泡、研磨成漿、壓鎮濾水等繁複的步驟，藉由穩定品質的加工成為方便的粉料。近年來對於製造米穀粉的稻米選擇標準越來越高，生產技術也提升，米穀粉成了手做人很方便的材料。阿芳很榮幸擔任屏東農產米穀粉的代言人多年，也參與農糧署的國產米食推廣，開發各種在家可輕鬆製作的米食。現在，用米穀粉從調漿到搖腸粉，5分鐘就可輕鬆上桌。

材　料

在來米粉1杯、日本太白粉3大匙、 樹薯粉（普通太白粉）2大匙（兩種修飾澱粉合計60g）、
水500CC 、 油1小匙

做　法

1. 全部材料調成粉漿水，取約1/3杯的粉漿水，倒入溫熱的平底鍋中搖攤成薄片狀，加蓋略
烘。

2. 鍋蓋上冒蒸氣即可開鍋將粉片推成皺折狀，倒裝在抹油的透氣盤上，刷上油水，瀝水放
涼。

潮汕大腸粉

材　料

粉漿水1份（見P.119）、漿粉蝦仁1份、萵生菜1把、蛋數個、 炒香香菇絲1小份、 漿粉肉末1小撮、肉燥適量

調味料

醬油2大匙、魚露2小匙、冰糖1小匙、 香油1大匙、 水1杯 、太白粉水適量

做 法

做法影片

1. 調味料煮成廣式甜
醬油膏。

2. 不沾炒鍋先熱鍋，倒入2/3杯的
粉漿水，搖成腸粉皮，加蓋略烘
熟，熄火。

3. 蛋打散加入香菇絲，漿粉肉末拌勻，倒在腸粉皮上，加上一把生菜葉，把四邊拉起，包成
蛋包飯狀。

4. 由鍋邊加入半杯水，放上少許漿蝦仁及2-3株青菜，加蓋開火煎煮至
水分收乾。

5. 倒扣滑出包餡腸
粉，放上蝦球及青
菜，淋上醬汁，可
視個人喜好補上少
許肉燥提味。

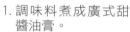

印尼炸巴旺

　　家裡幫忙照顧小叔的看護蘇比姊姊有時會做印尼食物讓我們嚐嚐，而炸巴旺是一個清冰箱的好方法，蔬菜料拼湊在一起，掛得上粉漿，就能夠拿來炸。不過印尼炸物多半炸得較乾，所以阿芳用米麵合一的方式，調拌出帶有蓬鬆感的炸蔬菜，每到節慶或需要煮得豐富時，阿芳就會炸巴旺，蘇比還會拿去跟附近的印尼姊妹分享。阿芳每次做這道菜都希望蘇比感受到在我們心裡，她也是我們的家人。

做法影片

▌材　料

A. 蓬萊米粉1杯、中筋麵粉1杯、蛋1個、水1杯、即溶酵母1小匙
（可使用泡打粉1.5小匙取代）、鹽1小匙、胡椒粉少許

B. 高麗菜、紅蘿蔔、芹菜、青椒、蔥花、紅辣椒末、地瓜等蔬菜切條絲狀，共約1斤半

C. 蒜末2小匙、紅辣椒末1小匙、香菜末1小把、魚露2大匙、糖2小匙、檸檬汁3大匙、冷開水2大匙

▌做　法

1. 材料A調勻成糊狀略放20-30分鐘發酵（若使用泡打粉則不需要發酵時間）。

2. 各項B蔬菜切成條絲狀，C料調成沾醬。　　3. 把蔬菜料加入漿糊中拌勻。

4. 熱油鍋子至160℃，用湯匙舀上蔬菜糊入油鍋，以中火炸至金黃。

5. 起鍋前升高油溫，撈出後瀝油，搭配沾醬食用。

日式家庭炸天婦羅

　　疫情期間阿芳把各種蔬食材料搭配蝦子,炸出滿滿兩大盤什錦天婦羅,放上臉書瞬間按讚數爆表。於是阿芳透過直播把所有細節一一再做過,自家做的天婦羅風味完全不輸餐廳,五顏六色讓人看了就想吃。阿芳以米麵合一的概念調出滿意的米漿,用沒吃過藥水的好蝦來做,先把酥脆粉炸出來,再把蝦子沾上酥脆粉粒,不需專業功夫也能炸得有模有樣。

做法影片

材　料

A. 鮮蝦8-10隻，南瓜、茄子、四季豆、青椒、紫蘇葉、玉米筍各適量

B. 蛋2個、冰開水約1.5杯、低筋麵粉1杯、蓬萊米粉半杯

C. 低筋麵粉、蓬萊米粉各適量

D. 白蘿蔔泥半杯、醬油1大匙、米霖2大匙、柴魚粉2小匙、熱開水1杯

做　法

1. 白蘿蔔磨成泥，用細網子過濾掉湯汁，D料調成熱醬汁保溫備用。

2. B料的蛋加冰水調化，加入粉料，調成稀粉漿，用手指頭沾起成直線快速低落狀，即可放入冰箱冷藏。

3. 各項蔬菜整切成適合油炸的大小，加上麵粉及米粉拌勻保持乾爽。

4. 蝦子剝殼、摘下蝦頭，蝦頭整理好拌上米穀粉，蝦身留蝦尾、剔淨腸泥，枕著筷子切出斷筋切口，拍上米穀粉，用手把尖尾按扁拍斷筋，整齊排盤，先移入冰箱暫時冷藏。

5. 取出冰涼粉漿再次攪勻，準備熱油鍋，粉漿入鍋中炸出酥脆粉　6. 蝦子沾上乾粉，再
　　粒，略上色即可撈出放在盤中。　　　　　　　　　　　　　　　　　沾粉漿，再沾附麵
　　　　　　　　　　　　　　　　　　　　　　　　　　　　　　　　　　酥。

7. 各項材料沾上粉漿，入鍋炸至金黃，搭配醬汁沾食。

阿芳的貼心叮嚀

- 蔬菜類不必炸至過脆即可撈出，重新升高油溫再下鍋二炸，可保持酥
　脆不吸油、放涼不回軟的狀態。

- 蝦頭容易髒，可以在全部材料炸好後，先盛起大部分的油，再來炸蝦
　頭，經過二次回炸，蝦頭會變成香酥口感。

知道愛你的人喜歡吃什麼，是很美好的事！

如果把一盤煮得精緻漂亮的義大利麵，跟一鍋看起來清爽簡單的鍋燒烏龍麵，放在我哥哥姊姊面前，問他們媽媽會選哪一份，相信他們挑的都是烏龍麵。

媽媽喜歡烏龍麵，想念媽媽時，阿芳會炸上一盤天婦羅，再利用油鍋裡撈出來的油渣子煮烏龍麵，就是一份非常日式的天婦羅烏龍麵。

我家用來裝盛烏龍麵的鍋子，年齡比豬妹還大，已經有三十幾年的歷史，是阿芳從娘家帶到台北的；蔡胖哥家裡應該也有兩個，姊姊家也有。在台北生活後，阿芳又買了一個比較新款的鍋給兒子使用，現在這三個

鍋就是阿芳、劉爸和蘇比姊姊吃烏龍麵時會用的餐具。

三十年的老鍋，是媽媽留給我們的飲食印記。媽媽非常愛吃日式鍋燒烏龍麵，不是那種在學校附近冰果室吃到的，有火腿與油條的學生烏龍麵，而是台南的鍋燒烏龍麵老店裡賣的烏龍麵——以魚片、蝦子裹上日式粉漿炸出掛上粉衣的天婦羅，煮麵需要油的滋潤，卻不像一般台式湯麵在湯裡加一杓肉燥或油蔥，浮了一層油脂，而是巧妙地把撈出的油渣撒在麵的湯頭上，潤口提香，油渣吸湯後還有好口感的效果，有些店家還會不嫌麻煩地附上一小碟沾醬，由於麵裡的天婦羅搭配柴魚湯風味，所以這碟沾醬就不像一般蘿蔔泥柴魚淡醬油那麼淡，而是用薑泥搭配醬油調成，冷掉的天婦羅，泡一下熱湯再搭配鹹口的薑泥醬油，是阿芳很喜歡的台南日式風格老味道！

煮好這碗麵，阿芳還特別挑了漂亮的筷子跟適合的湯匙，一起擺放在窗邊，打開窗戶跟媽媽說說話，請媽媽先享用，然後自己把這份豐盛的鍋燒烏龍麵當早餐吃掉。劉爸在一旁吃著饅頭夾肉鬆，夫妻倆各自吃著喜歡的東西，在生活的日常中，人對人有愛，人對食物也有愛，你知道愛你的人，喜歡吃什麼嗎？

日式鍋燒烏龍麵

材 料

A. 滾水、柴魚片各適量

B. 烏龍麵、小白菜、蛋、蔥花、油炸麵花各
適量

C. 炸天婦羅或海鮮料各適量

D. 薑泥2小匙、冷開水2大匙、醬油2大匙

調味料

鹽、七味粉（黑胡椒粒）各適量

做 法

1. 水燒開加入1把柴魚片，蓋鍋熄火燜5分鐘，過濾後加鹽調味即為柴魚高湯。

2. 薑泥加上冷開水、醬油調成薑汁醬油備用。

3. 在雪平鍋中加入2杯柴魚高湯、烏龍麵一起煮至沸騰，加入雞蛋略煮，煮至喜好的蛋包熟
度，加入青菜段即可熄火。

4. 將麵盛在麵碗中，撒上蔥花及炸天婦羅撈出的油渣麵花，視個人口味喜好，撒上七味粉或
黑胡椒粒提香，搭配天婦羅及薑汁醬油沾食。

（未搭配油炸天婦羅，也可選用一般家常的海鮮料，唯獨缺少的油脂，可以添加兩片帶有油
脂的肉片或，是加入青菜的同時補上一小匙油脂在湯中，增加油潤度。）

第三部

阿芳的懷舊古早味——
用手做重溫往日時光

家庭的記憶密碼：毛毛蟲仙草

在阿芳心中，有一個屬於我跟媽媽的幸福滋味。小時候阿芳喜歡跟著媽媽去買菜，台南天氣炎熱，從我家到水仙宮市場的路上有一攤阿公冰品，攤架上放著一盤透亮的愛玉，還有幾盤粉粿、粉條，買好菜回家的路上，媽媽和我會合吃上一碗冰，燠熱的豔陽也變得透心涼了。

而在阿芳從小的飲食記憶中，每到夏日時節，打開家裡的冰箱，媽媽總會貼心地為我們準備各式消暑飲品，仙草干茶、菊花茶、冬瓜茶、洛神花茶，還有小孩很愛的瑪哪紅茶。媽媽也會更換不同的冰涼甜品，愛玉、仙草、綠豆粉角、薏仁湯，讓孩子們在炎熱的夏天，回到家打開冰箱，就可以來一杯舒爽一下。

媽媽的理家法則，復刻在阿芳的身上。

每年夏天阿芳都會炒冬瓜糖，將糖塊溶解成冬瓜露，就可以用在阿芳家的各種消暑冰品。隨著健康概念提升，阿芳家的飲品多半是無糖的，但是若要做愛玉或仙草，阿芳就會不嫌麻煩自煮冬瓜糖露，添加在這些像果凍般的冰品中。那天煮好冬瓜露，劉爸就敲碗加碼仙草茶，於是阿芳煮了一大鍋，裝出四大瓶不加鹼的無糖仙草干茶；留在鍋底的部分，再加入一點點的鹼粉，多煮十分鐘，熄火後浸泡一個晚上，隔天就成了濃純的仙草汁；加入吉利T粉，又可以變化出一小盒仙草凍，做成仙草冰——我家的仙草冰密碼，除了特有的冬瓜糖香，還有用刨絲器刨出

來的湯水拿來勾芡,成為軟滑的仙
草凍,也就是現在可以吃到的嫩仙
草。時至今日則多半用方便的地瓜
粉水來勾芡,這就是燒仙草會凝固
的原理,質感雖然像,但不爽口。

來、長得像毛毛蟲的仙草條。

　　沒有加鹼煮的仙草干茶清香消暑,適合當
飲品,但若拿來做仙草凍風味則不足,加一點
鹼熬煮浸泡後,可以得到色黑如墨、風味濃
郁的仙草汁,適合拿來做仙草凍。傳統古法
會把很多地瓜切塊熬煮湯水,或是洗麵筋出

　　現在更受喜歡的仙草凍,是爽滑中帶脆的
質感,製作時可以用吉利T粉當凝膠,由於
仙草汁需要煮的時間,加了鹼後當茶飲不好
喝,所以阿芳都是利用大快鍋,一次3兩的仙
草干,配6-7公升的水,先煮出一大鍋的仙草
干茶,再根據上述的方法做利用與變化。

清香仙草茶／仙草凍

▌材　料

A. 老仙草乾3兩、水7公升

B. 鹼粉少許、吉利T粉20g

C. 冬瓜糖漿、冰塊、水適量

▌做　法

1. 老仙草乾洗淨剪成小段，加水用快鍋煮滾，開小火熬煮30分鐘，熄火降溫開蓋可濾出清香仙草茶。

2. 鍋底留下1公升多一點的仙草茶加上仙草渣，加入鹼粉重新再煮至沸騰，浸泡1夜，隔天重新開火煮滾1次，即刻濾出黝黑的濃仙草汁。

3. 1000CC的濃仙草汁加上吉利T粉混合均勻重新煮開，裝模放涼即可凝固成凍。

4. 仙草凍用刨籤板刨成條狀，加上糖漿、冷開水、冰塊調成仙草冰。

愛玉凍／川風愛玉

材　料

A. 愛玉子20g、溫開水1600-2000CC（愛玉
子對水的比例為1：80-100）

B. 愛玉凍、冬瓜糖漿、檸檬汁、紅棗片、枸
杞子、炒香白芝麻、各適量

做　法

1. 取乾淨的鍋子把水煮開，放置成為溫開水。

2. 愛玉子裝在棉布袋中，放入冷開水中搓洗
約5分鐘，讓愛玉子的漿質釋出。（不要
過度抽出愛玉的油脂，這麼做反而影響凝
固。）

3. 靜置放涼，移冰箱冷藏30-40分鐘即可凝
固成凍。

4. 愛玉盛碗，以B料糖漿與檸檬汁調味，撒上
紅棗片、枸杞子、白芝麻增加口感風味。

古早味冬瓜糖

冬瓜茶是阿芳童年的美好記憶：小學同學的爺爺每天蹲坐在店面角落切著冬瓜條，巷弄間飄著冬瓜糖的甜香。阿芳每年都會復刻記憶中的這一味，炒上一鍋冬瓜糖，讓整個夏天都有消暑清涼的天然冬瓜茶可喝。

材 料

冬瓜3斤（削皮去籽後約2斤多一點）、白砂糖2斤、黑糖1杯（約200g，不用亦可）、水1杯

做 法

1. 冬瓜削去外皮、切籽囊，冬瓜肉切成塊狀加上水，籽囊放在上方，一起蒸煮至冬瓜綿軟。

2. 拿掉煮至綿軟的籽囊，倒出冬瓜水，再把冬瓜壓成冬瓜泥。

3. 在寬口炒鍋中倒入半斤左右的白砂糖，加入冬瓜水濕潤，即可開火煮成糖水，再炒成金黃色帶焦糖香味的糖漿，熄火。

4. 倒入剩餘的冬瓜水和冬瓜泥，再加入剩餘的白砂糖，開火炒煮，糖汁沸騰後要保持不斷翻攪才不容易噴濺。糖漿溫度高，建議戴上手套保護雙手。

5. 翻炒糖漿從大沸騰泡泡，慢慢水分減少變得浮鬆，再慢慢變濃密，鍋邊開始出現糖漿攀附。（可用糖漿滴入冰水中測試，呈現硬性糖珠可先關火，再多翻炒幾下把空氣炒入糖中。）

6. 見糖色略微轉淡，即可開火再炒至浮起同時增加香氣，再沸騰後就可關火，將糖漿倒在鋪上防沾紙的模盤中推平，略降溫後即可看到冬瓜糖反砂變硬。

7. 趁結為硬塊未降溫前拿出切塊，放涼後再剝開，完全涼透後再封膜包好保存，由於無添加防腐劑，若需長時間保存，建議入冷藏存放。

手做小提醒

冬瓜挑選大一點、瓜囊洞眼大一些的較成熟，容易煮成入口即化的狀態，才易壓成冬瓜泥。

炒冬瓜糖火候要足，見到鍋邊的糖漿反砂結成糖砂再倒盤，才不會因為火候不足，冷卻後呈反砂的糖膏狀卻無法成塊。

手工米苔目

材　料

A. 蓬萊米粉1又1/2杯、冷水3/4杯、滾水1杯

B. 地瓜粉（或太白粉）1/2杯、冷水1/4杯

C. 蓬萊米粉1杯

做法影片

做 法

1. A料蓬來米粉先加冷水調化，再沖入滾水調成糊狀。

2. B料地瓜粉加冷水化濕，再加入米糊中調勻。

3. 再把C料蓬來米粉加入攪拌成稠糊狀，即可用袋子包好米糊。

4、燒開水，袋口剪小洞，米糊擠成條狀入水中，煮至沸騰浮起撈出，放在瀝水盤上滴水冷卻，降溫後要記得加蓋保存才不會乾化。

古早味米苔目冰

材 料

A. 米苔目1份、冰塊和冷開水適量

B. 鳳梨丁2-3杯、二砂糖1杯、水1杯

C. 綠豆半斤、水3杯

做 法

1. 取部分二砂糖加水煮出焦糖香，再下剩餘的水量、鳳梨、糖，用小火煮至完全沸騰，即為古早味焦糖香鳳梨糖水。

2. 綠豆洗淨加水浸泡5-6小時至綠豆脹大，可以放在冰箱冷藏做浸泡。

3. 濾乾的綠豆加3杯水用電鍋蒸熟，亦可用快鍋煮至沸騰滿壓改小火續煮10分鐘。

4. 出鍋後的綠豆倒入撈網中，放至完全冷卻變得乾鬆，即為炊綠豆。

5. 食用時米苔目用糖水或冷開水稍微拌開，加上冰塊、冷開水、鳳梨糖水及炊綠豆。

古早味米蛋餅

　　蛋餅是早餐店裡都有的餐點，一種是用工廠生產的薄麵餅做成快速蛋餅，分量比較單薄，吃起來比較沒有滿足感；另一種是早餐店自己調製的水漿，現煎成餅再加上蛋汁煎成蛋餅，這樣的蛋餅口感豐厚，因粉漿不同而有不同口感。阿芳出門露營時也會順手帶一包蓬萊米粉，不用擔心保存問題，簡單加水調一調就能煎，是露營常見的中式早餐選擇。

做法影片

▍材　料

A.蓬萊米粉1/2杯、太白粉2大匙、水1/2杯（強）、油1小匙、青蔥花少許

B. 蛋2-3個、蔥花一小把、鹽少許

▍做　法

1. A料調成粉漿，蛋加青蔥和少許鹽打散。

2. 將一半的粉漿倒入溫熱平底鍋中，搖成圓片，煎成米皮狀。

3. 米皮淋上一半的蛋液推平，在餅的邊緣加少許油，蓋鍋略煎1分鐘。

4. 開鍋翻面煎至蛋餅金黃，翻捲成長條狀，滑出切成小塊排盤，搭配醬油膏與辣椒醬食用。

古早味蜜湯圓（剉冰湯圓）

　　如果有機會到中南部吃冰，可以看看賣冰的攤位上有沒有這種顏色潔白、外層泡著糖水的蜜湯圓。這種湯圓就算冰鎮過，入口還是非常軟Q，而且帶有甜味越嚼越好吃。它是用支鏈澱粉較高的圓糯米製作，煮熟會產生張力，在鍋中脹得鼓大，煮好撈到淡糖水中，降溫過程會吸附糖水，因為糖的密度，湯圓吸足糖水變大顆卻不會糊爛，泡入冰品時也不容易硬心，有趣的原理，也是小吃的奧妙所在！

做法影片

材　料

A. 雪花粉150g（台灣圓糯米粉）、滾水1/4 杯、常溫水1/4杯

B. 白砂糖3大匙、二砂糖1大匙、滾水3/4杯

C. 冰品或熱紅豆湯隨意

做　法

1. 滾水加上常溫水先調出55℃左右的熱水，加入雪花粉中用筷子攪拌均勻，再揉成光滑糯塊。

2. B料調成淡糖水。

3. 取米糯搓成長條，用手捏剝成小塊，投入滾水煮至脹大。

4. 撈出湯圓泡入淡糖水中，浸泡到降溫即為蜜湯圓。

5. 蜜湯圓質地細嫩軟糯，吸飽水分，可搭配冰品和熱甜湯食用，即使在冰品中也能夠維持軟綿的質地。

鹹圓仔水餃

　　要吃手工點心其實不難，除了找到實體店家，付了錢熱呼呼吃上一碗，不然就是有便利的冷凍食品，買回家煮一煮也可以，只不過美味標準就因人而異。雪花粉是以台灣圓糯米水磨加工製成的米穀粉，使用方便，肉餡在家調理也容易——手工包的鮮肉湯圓，煮熟後看到的質感、入口的風味及口感，讓人深深體會手做的價值，而由於特別綿細，阿芳以古早味鹹圓仔水餃的手法做表現。

▎材　料

A. 細絞肉5兩、醬油1大匙、魚露2小匙、油蔥酥1大匙

B. 雪花粉1盒（台灣圓糯米粉300g）、滾水1/2杯、常溫水1/2杯

C. 高湯、芹菜末各適量，白胡椒粉、白芝麻油各少許

▎做　法

1. 絞肉加上調味料攪拌出黏性，再加入油蔥酥順向攪拌均勻，即為內餡。

2. 滾水加上常溫水調成約55℃的熱水，加入雪花粉中揉成糰塊。

3. 取小貢丸大小的糰塊，搓圓按扁，填入少量肉餡，對捏包成水餃狀，排在盤上。

4. 立刻下鍋用滾水煮熟，加上高湯、芹菜末、調味料完成鹹圓仔湯。

5. 包好的鮮肉湯圓水餃也可以排在盤上，放入冷凍庫略冰15-20分鐘定型，改用袋子包好冷凍保存。烹煮前，不需解凍，煮水沸騰時，把冷凍湯圓拿到水龍頭底下，快速沖水後立刻下鍋，維持中小火烹煮，就可以煮出現包的質地。

兩口小麻吉

材　料

A. 國產圓糯米粉1.5杯、水 1.5杯（弱）、油1小匙

B. 花生粉1/2杯、糖粉3大匙、冷開水少許、炒香白芝麻2大匙

C. 花生粉4大匙、糖粉2大匙、油少許、冷開水少許

D. 黑芝麻醬2大匙、糖粉1大匙　　E. 蜜紅豆餡1份（做法參考P.24）

F. 花生粉、微波熟太白粉各少許

做　法

1. 圓糯米粉加上水和1小匙油攪拌成米漿。

2. 米漿倒入不沾鍋中用筷子邊攪邊炒，待米漿完全成糰後，用筷子撥弄成游泳圈狀，在米糰的周圍加入3大匙的水，蓋鍋以中火煮至水分收乾。

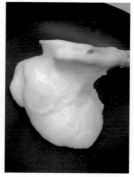

3. 鍋裡補上少許油，用筷子翻炒煮熟的米糰，邊炒邊翻，攪拌出光滑的質感表示完全熟透。

4. 麻糬可收在抹油的耐熱塑膠袋，或是以防沾紙包好防止乾化，冷卻後即可搭配芝麻花生糖粉沾食。

5. 亦可把C料調成像肉鬆狀的花生糖餡；D料調成芝麻糖餡。

6. 把完全放涼的麻糬取小量按扁，包入喜歡的糖餡，花生口味可以在外表沾上無糖花生粉，芝麻餡口味可以沾裹微波加熱過的太白粉防沾。

7. 包上紅豆餡，外表沾上太白粉，為紅豆麻糬。

無麩雞蛋仔

▎材 料

米鬆餅粉1小包（200g）、蛋2個、奶水3大匙、細砂糖4大匙、融化奶油1大匙、油1大匙、水約1/2杯（視蛋大小調整）

▎做 法

1. 蛋加奶水、細砂糖、水調勻，加入米鬆餅粉拌勻，再把2種油脂加入拌勻，把粉漿倒在尖嘴的容器中。

2. 雞蛋仔模型在爐火上雙面小火加熱，打開模型倒入粉漿填平模型單面，蓋上模型立刻翻面，控制小文火，一面加熱約1分半鐘，翻面再烘約1分半，開模後用竹籤取下，放於網架上，略降溫後即可呈現外酥內軟的狀態。

3. 亦可在雞蛋仔模型中放入切小丁的鹹蛋黃，煎成鹹蛋雞蛋仔。

地瓜球

　　之前在日本工作的女兒豬妹,回到台灣跟媽媽點單的第一個點心,就是地瓜球。地瓜球的材料簡單,做法也不算難,唯獨每條地瓜的水分不見得相同,蒸鍋的水分條件也會產生影響,地瓜添粉揉成糰的軟度,決定了地瓜球在油鍋中一按鼓大或鼓小的程度。媽媽願意做,幾次就能上手,孩子肯定會喜歡,媽媽也會很有成就感!

▌材　料

紅心地瓜2條（約400g）、二砂糖3大匙、太白粉約1杯、炸油適量

▌做　法

1. 地瓜削皮切塊蒸熟。

2. 趁熱加入二砂糖壓成泥，讓熱氣略散。

3. 加入太白粉揉成軟硬適中的糰塊。

4. 再拆塊搓成小貢丸狀的圓球。

5. 空鍋先燒熱，倒入油加熱至微溫，改小文火，放入地瓜球以小火慢炸。

6. 以鍋鏟推動地瓜球，炸至表面光滑微膨狀。可改用漏勺推動，慢慢輕壓繼續翻炸。

7. 微微調高火力，壓過的球推開讓油溫把球炸鼓脹，輪流壓炸所有地瓜球，翻面壓厚肉那面才不會把球壓破。

8. 炸到如大貢丸的大小就可升高油溫，炸至表面金黃上色同時達到定型的效果，撈出瀝油即可食用。

芝麻球

　　芝麻球這個食譜最初刊印在2004年阿芳的小吃書中，還記得當時阿芳在汐止農會、慈濟的社大開小吃課程，每次開班，報名的盛況就跟現在大家在搶填表單一樣。而這個芝麻球在課程中深受大家喜愛，要把芝麻球炸成空心不回軟不是那麼容易，還要外酥帶脆，裡肉柔軟才是上品。現在阿芳把食譜重新改編，讓它更貼近目前的烹調條件，很開心一次改造就圓滿——藉事練心，也希望大家一切圓滿。

做法影片

▎材　料

A. 中筋粉心麵粉1/3杯、滾水1/2杯、細砂糖3大匙、糯米粉1.5杯、油1大匙、 冷水適量

B. 無鋁泡打粉1.5小匙

C. 豆沙1/2杯、白芝麻1/2杯

▎做　法

1. 麵粉放在盆中加入滾水攪拌燙熟成麵糊，加入細砂糖、糯米粉及適量冷水，揉成柔軟米糰，加入泡打粉、油再揉至光滑。

2. 豆沙搓成15個小球狀。　3. 米糰同樣分15份，包入豆沙餡搓成圓球。

4. 白芝麻放在盆中，糯米球放入滾上芝麻粒多搖幾下，再用手搓圓。

5. 油鍋加熱至微溫，放入芝麻球用小火慢慢炸至浮上油面，邊翻攪邊炸。

6. 芝麻球開始鼓脹可用有洞撈杓輕輕按壓，邊炸邊攪邊壓，炸到球鼓大、表面產生金黃色澤，升高油溫續炸定型至表面金黃香酥，撈出瀝乾油即成。

白糖粿

　　在阿芳的台南兒時記憶裡，民族路跟新美街口，每到下午會有炸白糖粿的攤位，一條條的白糖粿對孩子充滿吸引力。後來阿芳曾經再造訪，當年擺攤的阿伯已經變成老爺爺，他總是叮嚀客人，別把袋子包緊，才不會將粿給悶軟了。老爺爺雙手搓著生米糰，旁人看不出什麼竅門，其實發酵後的米糰柔軟細緻，下鍋熱炸後鼓脹，全米不易吸油的特質，炸好的粿外酥內軟，是一道充滿奧妙的古早味點心。

A. 糯米粉1又1/4杯（150g）、白砂糖1.5大匙、滾水約1/2杯

B. 花生糖粉適量

做 法

1. 細砂糖加滾水調化，攪拌至砂糖溶化、水溫下降到70℃左右，加入糯米粉中攪拌後揉成光滑米糰。（視糯米粉品質不同，水分會有差異，太濕補少許糯米粉，太乾則增加少許冷水，米糰質感不要過硬。）

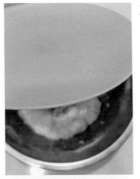

2. 揉好的米糰加蓋，放在常溫下至少發酵4-5個小時，也可以包在袋子裡放入冰箱冷藏1-2天。

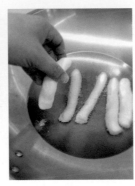

4. 空鍋先熱鍋，下油加熱到130-140℃的低溫油，放入搓成條狀的米糰，以中小火翻炸。

3. 製作時，取出米糰分量搓成10小份。

5. 米條在油鍋中開始冒泡，可用鍋鏟稍微推底防止沾黏，炸的過程可翻面，待米條浮起膨發，改用漏勺輕壓排氣。

6. 隨著油溫升高，白糖粿開始鼓脹，邊輕壓、邊油炸，炸到呈淡淡的金黃色，可稍微提高火力，升溫後即可取出。

7. 不需滴油直接放在鋪了花生糖的粉盤上，沾上一層花生糖粉即成。

米糰膨酥內軟的原理

　　經過發酵的米糰用低溫油炸，加上適度的輕壓排氣，才不會產生油爆。剛炸好的白糖粿熱燙，品嚐時千萬小心。

　　好吃的白糖粿呈外酥內軟，一半空心、一半有軟糯的質感，外殼太硬表示炸的時間過長，內芯過Q表示米糰揉得太乾。

　　米糰炸得好能夠保持外酥，是來自於米的本質能夠降低含油率；鼓脹空心保持柔軟，是糖加上水跟米糰產生發酵的作用。如果做成圓的米糰，外面沾上白芝麻，就是廣東人不包餡的麻糰煎堆；搓成長型的白糖粿，炸油用量可以大大減少。

祕醬魷魚

材　料

A. 鹼發魷魚1隻（可參考右頁做法）、芥末醬少許

B. 薑泥1小匙、味噌1大匙、番茄醬1.5大匙、糖2小匙、白芝麻油1小匙

做　法

1. 魷魚刻花切片。

2. B料調勻成味噌海山醬，盛在小碗中配上少許芥末醬。

3. 以3杯水煮沸騰改小火，魷魚加入，翻拌至魷魚微捲曲即可撈出。

4. 水改大火重新煮開，魷魚再次放入水中快翻兩下立刻撈起盛盤，搭配味噌海山醬一起沾食。

鹼發魷魚

材　料

阿根廷乾魷魚2條、小蘇打粉1大匙、雞蛋殼1個、冷水3杯、清水適量

做　法

1. 在食品級的不鏽鋼容器中，放入洗乾淨的雞蛋殼、小蘇打粉，加入3杯水，調均勻後放入乾魷魚，浸泡5-6小時。

2. 浸泡期間可用手觸摸魷魚是否完全變軟，並開始產生厚度感。

3. 魷魚開始產生厚度感，即可更換清水醃過，加蓋放入冰箱浸泡1夜，過程中可視個人喜好的厚度做清水的更換，更換次數越多，因吸水更多，相對魷魚甜味也會越來越低，建議清水更換最多2次為最佳口感及風味。

食物的科學

小蘇打粉、鹼粉添加清水都可以把魷魚泡發，但同時也會讓魷魚產生軟化脫水的狀態，在浸泡的鹼水中加入蛋殼，可以增加浸泡液的鈣質成分，讓泡好的魷魚不只膨發，還有彈牙的好口感。

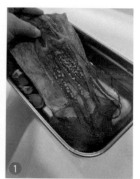

回頭客點單的「科學」什錦麵

劉爸愛吃什錦麵，每隔一段時間就會找機會到快炒攤吃什錦麵，除了中和電視台附近的龜叟麵，板橋住家不遠處的大同口快炒店也是劉爸喜歡的古早味。對於什錦麵好不好吃，劉爸有他自己的一套標準，雖然材料拼拼湊湊並不是太難，但同樣的材料，阿芳多半用麵粉揉麵糰煮麵疙瘩，也不太會特別去買油麵，所以劉爸不太有機會在家吃到阿芳煮的台式什錦麵。

前陣子阿芳一直想玩有料理科學的食物，做了許多有趣的料理，比如用小蘇打加蛋殼浸泡魷魚做鹼發魷魚；用白醋浸泡蛋殼做出豆腐的凝固劑，做好的凝固劑可以做木棉豆腐，還做了各種竅門加在一起，皮酥肉香，有著經典豬油渣香的化皮鍋燒肉。

為了劉爸的喜愛，阿芳難得買了1斤油麵，其實油麵是在麵裡添加了鹼產生膨發的效果，就像在糯米中加入鹼可以做出軟Q的鹼粽；加了鹼的油麵吃起來不容易犯胃酸，只不過為了怕沾黏所以外表拌了一層油脂，才被稱為油麵。光聽名字，從健康的角度就比較不被稱許，加上特殊的鹼味本來就讓人愛惡兩極，像阿芳愛吃鹼粽，卻就不愛油麵。

阿芳用油爆香炒一下魷魚後先取出，鍋底油加蔥爆微焦，沖入熱水，湯頭的香味就有了，加點木耳、蝦子，麵條下鍋前阿芳特別用水沖淋一下，很快就煮好油麵湯，下一把青菜，再把自己做的化皮鍋燒肉放在湯麵上，撒下白胡椒粉，煮出兩碗「劉媽什錦麵」。

端上桌，劉爸一看就開心，一面吃麵，一面稱讚說口口油香、湯頭鮮甜、夾著胡椒香氣、非常古早味，十足老饕樣。時隔不久，有天晚餐吃飽後，劉爸問我，明天可不可以再煮什錦麵，聽到這個點菜，阿芳心裡樂得不得了，果真用心做出來的食物會黏人，這碗麵裡的每個食材都有著科學的背景，充滿趣味的「科學」什錦麵，回頭客又上門了。

古早味什錦麵

材　料

豬油少許、青蔥段適量、熱水適量、油麵1小把、紅蘿蔔片1小把，
木耳片、水發魷魚、紅燒肉、鮮蝦、鮮蚵、丸子、青菜各適量，油蔥酥少許

做法影片

調味料

醬油少許，雞粉、鹽、白胡椒粉各適量

做　法

1. 各項食材配料切成適口大小。

2. 魷魚用油爆香先盛起。

3. 原鍋用豬油爆香青蔥，下紅蘿蔔片翻炒，加入熱水沖成高湯，下各種配料。

4. 以調味料調味，油麵用水沖洗一下放入煮滾，最後加入青菜，再把燒肉炒香、魷魚加入，
　 撒上胡椒粉及油蔥酥提香。

甜不辣／手工魚丸

┃材　料

A. 冷凍鯛魚片1片（約250g）、冰塊水3/4杯、蔥花2大匙、薑片3-4片、鹽1小匙

B. 蛋白2-3個、油1大匙、糖1大匙、太白粉1/2杯

C. 芹菜末、香油、糖醋黃瓜適量，甜辣醬少許

▍做　法

1. 冰塊水加上蔥、薑、鹽一起打碎，加上切片鯛魚，用調理機打成魚漿。

2. 再把蛋白、油、糖加入，攪打成滑細且滴入水中浮起不散的魚漿。

3. 取出魚漿，拌入太白粉順向攪拌。

4. 用冰淇淋杓舀起魚漿輕放入溫油鍋，以小火煎至一面先定型，翻面略按扁，再煎到兩面金黃鼓脹即可取出。

5. 一部分魚漿擠成丸子放入清水中，把丸子連同清水倒入沸水鍋，以中火煮到魚丸沸騰浮起脹大，撈出瀝乾水分即成。

6. 甜不辣可切片搭配糖醋黃瓜和甜辣醬沾食；魚丸可加清湯、芹菜末、香油成為魚丸湯。

紅燒魠魠魚羹

材料

A. 魠魠魚1斤、蛋1個、地瓜粉4兩（粗粒較佳）

B. 扁魚干4-5條、水8-10碗、地瓜粉水適量

C. 大白菜3-4葉、青蒜1根（切蒜花）、香菜末少許，烏醋、辣渣、白胡椒粉適量

調味料

A. 醬油3大匙、酒1大匙、糖2小匙、胡椒粉1/4小匙

B. 醬油1大匙、糖2大匙、鹽適量

做法

1. 魠魠魚去骨切粗條狀，打入蛋黃與調味料A拌勻，醃漬備用。

2. 魚條沾勻地瓜粉略放3分鐘，下鍋以中火炸至金黃香酥，撈起瀝乾油。

3. 油盛起，鍋中留3大匙油，以小火將扁魚干爆至金黃捲曲後夾起，水加入鍋中煮滾，加調味料B，將白菜切大塊入鍋略燙撈起，續以炸魚剩下的地瓜粉調水勾濃芡，放涼的扁魚壓碎末加入，再加入白菜拌勻即可熄火。

4. 將魚條剝塊放碗中，淋上濃羹湯，撒上香菜末和蒜青花，滴上烏醋、撒上少許白胡椒粉，視個人喜好酌加辣渣。

浮水虱目魚羹

做法影片

材　料

去刺虱目魚肚1個、麵粉2大匙、魚漿1斤、水8杯、太白粉水適量、嫩薑絲1把、香菜末和青蒜花各少許

調味料

A. 魚露1大匙、米酒1大匙

B. 魚露2大匙、糖2大匙、鹽適量

C. 烏醋、白胡椒粉各適量

做　法

1. 虱目魚肚對切，橫向切成小魚柳，用調味料A拌勻略醃入味。

2. 魚柳條拌乾麵粉，加上魚漿一起拌勻。

3. 水在鍋中煮至沸騰，改小火，手沾上油抓魚漿夾著魚柳投入鍋中，以中火煮到魚羹塊浮起，撈出瀝乾水分。

4. 煮魚羹塊的魚湯用調味料B調味，再用太白粉水勾濃芡，投入嫩薑絲，改小文火保持沸騰。

5. 魚羹塊投入羹湯中，盛碗後加上香菜末、青蒜花末，淋上烏醋、撒白胡椒粉即成。

日光瓜仔脯

　　在宜蘭有一種用越瓜加工的瓜仔脯,阿芳很喜歡那種爽脆的口感,因為那是用日光把瓜瓜曬到脱水產生的結實香脆感——以日曬把瓜的水分去掉,再加上喜歡的調味,瓜脯就能夠再回吸,製作出好吃的乾式脆瓜。阿芳只用單純的酒香、鹹味來拌瓜脯,風味比較日式鹹口;也可以添加蒜末、辣椒、酒香、醬油、糖,就會是比較傳統的古早味。

材　料

A. 小黃瓜1斤、鹽1小匙

B. 糖2小匙、米酒3大匙

做　法

1. 小黃瓜洗淨放在平盤中，加入鹽用手搓滾，讓黃瓜表皮受傷釋出綠皮水分。

2. 取出黃瓜對切成半，再回盤子用鹽汁塗抹均勻，盤中多餘的鹽汁捨棄不要。

3. 黃瓜條切面向上排在竹籃中，用烈日陽光曝曬1天成為萎縮乾扁的黃瓜脯，有時瓜皮綠色退去變為白色是正常現象。

4. 萎縮的黃瓜脯改刀切小丁，加上糖翻拌揉出水分，再用手擰乾。

5. 可依個人喜好增加糖量，再用米酒拌勻，即可填入瓶中壓實按緊，移入冰箱冷藏存放後食用。

鐵路排骨飯

材　料

大里肌肉片1斤（厚度約在0.6-1公分）、地瓜粉1/2杯、青蔥段1小把，白飯、炒酸菜和青蔬配菜適量

醃　料

蛋1個、蒜泥1小匙、醬油2大匙、五香粉1/4小匙、白胡椒粉1/4小匙、麵粉2大匙

做法影片

▌醬　汁

醬油1/3杯、水1.5杯

▌酸菜配料

酸菜心1/2個、紅辣椒圈少許、糖約2小匙

▌做　法

1. 大里肌肉用肉槌兩面拍鬆，加入醃料翻拌均勻，放入冷藏醃放1夜。

2. 醃入味的排骨肉拉平，沾上地瓜粉略放5分鐘反潮。

3. 用適量油把排骨肉片炸至微金黃取出。

4. 盛出炸油，利用鍋中餘油爆香青蔥段，加入醬油和水一起煮至沸騰。醬油滷汁倒在小鍋中，放入排骨片，移至電鍋多蒸10-15分鐘。

5. 酸菜心切絲用清水醃平浸泡15分鐘後擰乾水分，用少許油先炒香辣椒及糖，再下酸菜心炒出亮度略試味，可視個人口味喜好增加甜度。

6. 白飯搭配滷好的排骨肉、酸菜絲、適量青菜，完成懷舊的鐵路排骨飯。

水煮式鹹蜆仔

　　鹹蜆仔是阿芳嫁到北部後才吃到的開胃菜，像生似熟又帶辛香超級對味，阿芳現吃現學，是初當主婦時很有成就感的一道菜，孩子也常會跟媽媽下單。若問最能代表台灣特色的小菜，阿芳的答案是鹹蜆仔。製作重點除了挑肥的蜆仔，再來就是讓蜆仔適度開口又不能煮熟：阿芳有兩種做法，一是生度較高的先冷凍後調味法；一是隔水加熱的水煮法，讓蜆仔保持剛好的開口狀態，醬汁也能隨喜好調整。

材　料

蜆仔1斤、蒜仁3-4粒、薑片丁3大匙、紅辣椒段少許（可不放）、酸梅2顆、冷開水適量

調味料

醬油膏3大匙、醬油1大匙、魚露1大匙、米酒3大匙、糖1小匙

做　法

1. 蜆仔吐沙1小時後，快速沖洗乾淨，放在小盆中添加淹過的冷開水，靜置20分鐘，等待蜆仔再次開口。

2. 各種辛香料先切成片丁，放入保鮮盒。

3. 炒菜鍋加水，放入蜆仔盆，開火隔水加熱，可以看到蜆仔慢慢呈現微開口狀，蜆肉略微產生皺折裙邊，立刻熄火，撈出蜆仔放入裝辛香料的保鮮盒中。

4. 趁熱淋上米酒、加入調味料翻拌均勻，加入梅子放在底部，再添加冷開水平淹蜆仔，即刻移入冰箱冷藏1天，過程中可以翻拌2-3次。

5. 蜆仔入味後除了可以直接食用，也可以分成小包，加上湯汁包好放入冷凍庫做成冷凍鹹蜆仔保存，食用時拿出解凍呈現半冰沙狀就很美味。

在家自製蜆精

　　想在家自製蜆精，可以先把黃金蜆泡淡水吐沙，切幾片蒜片用碗蓋在電鍋的內鍋中，周圍放上蜆仔，蒸煮20分鐘，打開電鍋接觸冷空氣，倒扣的碗就會產生虹吸現象把蜆精吸到碗中，稍微放一下，用湯勺先把被吸乾湯汁的蜆仔拿出，剝下的蜆肉可以用來煮粥，把碗拿開就可以倒出蜆精，以少許鹽調味後飲用。

洛神花蜜餞／洛神花果露

　　小時候媽媽總會為家人煮茶，我們放學回家打開冰箱，就會看到媽媽煮的紅茶、冬瓜茶、仙草花，而阿芳特別喜歡酸酸甜甜的洛神花茶，更愛煮好後酸澀的洛神花兌上糖的滋味！媽媽煮茶的習慣複製在阿芳身上，阿芳會買鮮採洛神花剝肉做蜜餞，留下的濃縮糖汁做成洛神糖漿裝瓶冷藏。感謝粉絲頁上的明花姊姊，這幾年每到洛神花開，就會摘下從花蓮寄到阿芳手上，讓阿芳家年年都有洛神好滋味。

材　料

鮮採洛神花6斤、白砂糖約2.5斤

做　法

1. 洛神花摘下花萼的裙邊，6斤約可摘下4斤果肉，清洗乾淨，稍放晾乾水分。

2. 炒菜鍋燒開10杯水。

3. 果肉分3份，先取1份放在大盆中，用燒開的滾水離火沖泡，略為翻拌果肉變軟即可撈出。

4. 浸泡果肉的湯水回炒鍋煮滾。以同樣方法將剩餘的2份果肉浸泡殺青完成。

5. 4斤果肉加入2斤白砂糖翻拌均勻，略放10分鐘，撈出被糖汁浸泡的洛神花蜜餞，略降溫後分袋包裝即成。

6. 多餘的糖汁與浸泡的湯水再添加約半斤的白砂糖一起煮滾，放涼裝瓶，即為濃縮的洛神花果露，食用時可添加冰塊和冷開水飲用。

棗糖

　　在阿芳眼中，父親是一個吃貨，我們小時候他會買各種飯後零食點心，其中父親到賣港貨精品店裡買的南棗核桃糕深得阿芳心。後來阿芳鑽研手做，用棗子、桂圓、核桃複製兒時記憶，換成阿芳做給父親吃，漸漸年邁的父親咬不動花生糖，很喜歡這種嚼軟帶香的甜味。因為是真材實料，製作過程的香氣誘人，逢年過節阿芳會做上一盤讓一家老小都吃得開心！

做法影片

材　料

A. 黑棗半斤、紅棗4兩、水1/2杯

B. 桂圓肉4兩、米酒1/2杯

C. 糯米粉1杯、生核桃仁半斤

D. 油3大匙、水麥芽2杯、白砂糖4-6大匙、鹽1/2小匙

E. 鐵盤1個、烘焙防沾紙2張、糯米紙和糖果玻璃紙各適量

做　法

1. 兩種棗子洗淨放在盤中加水，桂圓肉加米酒放在另一個碗裡，一起架入電鍋蒸20分鐘。

2. 蒸軟的棗子用食物剪刀剪去棗核，酒香桂圓拌勻備用。

3. 糯米粉在不沾鍋中炒3-4分鐘，至糯米粉變微黃乾爽先盛出。

4. 核桃仁快速沖洗，鋪在烤盤中入烤箱用180℃ 烤至飄香略出油，即可關閉烤溫，放在微開門的烤箱中保溫。

5. D項材料在不沾鍋中用中火煮至沸騰，加入棗肉煮到糖漿變成棗子色、棗肉脹大的狀態，加入糯米粉繼續翻炒，炒至糖漿從奶茶色回到棗子色。

6. 將桂圓肉加入，再多炒約3-4分鐘，即可看到糖漿收成糰狀。（可用冰塊水測試糖質的軟硬，不要過硬。）

7. 改小火加入核桃仁拌勻，此時糖料呈現糰狀。

8. 把糖料倒在鋪防沾紙的鐵盤上，用防沾刮刀或飯匙推平，蓋上另一張防沾紙，用保鮮盒壓平按實，放置回涼。

9. 將棗糖切成條塊狀，包上糯米紙，再用糖果紙包好。

【附錄一】計量換算表

阿芳的食譜大多不是以最絕對的重量為標示單位，主要使用**國際標準的量杯及量匙**，目的在於簡化數字和備料的工序，更有利於一般家庭操作。

標準量杯是236CC，採取容易使用的容量概念，簡易換算方式如下：

水	水1杯＝236 CC＝236克＝16大匙
油	油脂1杯＝236 CC＝236ml＝227克＝16大匙＝1/2磅＝大塊奶油1/2塊 ＝小條奶油2條
麵粉	高筋麵粉1杯約150克＝16大匙 中筋麵粉1杯約150克＝16大匙 低筋麵粉1杯約140克＝16大匙
酵母／發粉	酵母1大匙＝12克＝3小匙（1小匙＝4克） 泡打粉1小匙＝5克 小蘇打粉1小匙＝6克
糖	細砂糖1杯＝220克＝16大匙 白或黃砂糖1杯＝200克＝16大匙
鹽	鹽1小匙＝5克
斤兩	1台斤＝0.6公斤＝16兩，1兩＝37.5公克（阿芳食譜中的斤多指的是台斤）
量匙	1大匙＝1湯匙＝3小（茶）匙＝15cc 1小匙＝1茶匙＝5cc 1/2小匙＝1/2茶匙＝2.5cc 1/4小匙＝1/4茶匙＝1.25cc＝少許 ★ 家中湯匙也是比照量匙容量製作，若無量匙，可以喝湯的湯匙取代大匙， 　 以小號的茶匙取代小匙，咖啡匙視大小就是1/2或1/4茶匙。

阿芳的手做筆記：
90道用料理過生活的食物密碼

國家圖書館出版品預行編目資料

阿芳的手做筆記：90道用料理過生活的食物密碼
蔡季芳 著
初版. – 臺北市：商周出版：家庭傳媒城邦分公司發行
2021.12 面；公分
ISBN 978-626-318-047-5（精裝）
1.食譜
427.1　　　　　　　　　　　　　110017380

作　　　　者／蔡季芳
責 任 編 輯／陳玳妮
版　　　　權／黃淑敏

行 銷 業 務／周丹蘋、賴正祐
總　 編　 輯／楊如玉
總　 經　 理／彭之琬
事業群總經理／黃淑貞
發　 行　 人／何飛鵬
法 律 顧 問／元禾法律事務所 王子文律師
出　　　　版／商周出版
　　　　　　　城邦文化事業股份有限公司
　　　　　　　台北市中山區民生東路二段141號4樓
　　　　　　　電話：（02）2500-7008　傳真：（02）2500-7759
　　　　　　　E-mail：bwp.service@cite.com.tw
發　　　　行／英屬蓋曼群島商家庭傳媒股份有限公司城邦分公司
　　　　　　　台北市中山區民生東路二段141號2樓
　　　　　　　書虫客服服務專線：02-25007718‧02-25007719
　　　　　　　24小時傳真服務：02-25001990‧02-25001991
　　　　　　　服務時間：週一至週五09:30-12:00‧13:30-17:00
　　　　　　　郵撥帳號：19863813　戶名：書虫股份有限公司
　　　　　　　讀者服務信箱E-mail：service@readingclub.com.tw
　　　　　　　歡迎光臨城邦讀書花園　網址：www.cite.com.tw

香 港 發 行 所／城邦（香港）出版集團有限公司
　　　　　　　　香港灣仔駱克道193號東超商業中心1樓
　　　　　　　　Email：hkcite@biznetvigator.com
　　　　　　　　電話：（852）25086231　傳真：（852）25789337

馬 新 發 行 所／城邦（馬新）出版集團 Cite（M）Sdn. Bhd.
　　　　　　　　41, Jalan Radin Anum, Bandar Baru Sri Petaling,
　　　　　　　　57000 Kuala Lumpur, Malaysia
　　　　　　　　電話：（603）90578822　傳真：（603）90576622

封 面 設 計／李東記
封 面 攝 影／謝文創攝影工作室
內 文 攝 影／蔡季芳、劉黃守
內 文 繪 圖／劉芷辰
製 作 協 力／陳宜萍、劉芷辰
排　　　　版／張瀅渝
印　　　　刷／高典印刷事業有限公司
總　 經　 銷／聯合發行股份有限公司
　　　　　　　電話：（02）2917-8022　傳真：（02）2911-0053
　　　　　　　地址：新北市231新店區寶橋路235巷6弄6號2樓

2021年12月09日初版　　　Printed in Taiwan
□定價／380元

城邦讀書花園
www.cite.com.tw